GONGYE YUANQU GONGRE FANGSHI
XUANZE YANJIU YU GUIHUA SHIJIAN

工业园区供热方式选择研究与规划实践

钟式玉　于文益　郭贤明 ◎ 编著

U0396306

华南理工大学出版社
SOUTH CHINA UNIVERSITY OF TECHNOLOGY PRESS

·广州·

图书在版编目（CIP）数据

工业园区供热方式选择研究与规划实践／钟式玉，于文益，郭贤明编著. —
广州：华南理工大学出版社，2019.8
ISBN 978－7－5623－6079－7

Ⅰ. ①工… Ⅱ. ①钟… ②于… ③郭… Ⅲ. ①工业园区-供热-研究-中国
Ⅳ. ①TU833

中国版本图书馆 CIP 数据核字（2019）第 177807 号

工业园区供热方式选择研究与规划实践

钟式玉　于文益　郭贤明　编著

出 版 人：卢家明
出版发行：华南理工大学出版社
　　　　　（广州五山华南理工大学 17 号楼　邮编：510640）
　　　　　http://www.scutpress.com.cn　E-mail: scutc13@ scut.edu.cn
　　　　　营销部电话：020－87113487　87111048（传真）
责任编辑：谢茉莉
印 刷 者：广州人杰彩印厂
开　　本：787mm×960mm　1/16　印张：11.25　字数：196 千
版　　次：2019 年 8 月第 1 版　2019 年 8 月第 1 次印刷
定　　价：58.00 元

前　言

　　工业园区实施集中供热是提高能源利用效率和治理大气污染的重要技术手段。为规范工业园区集中供热发展和科学规划工业园区集中供热系统，在承担完成广东省发改委（省能源局）"广东省工业园区和产业集聚区供能方式研究"课题，以及地市政府、大型能源企业委托编制市域工业园区集中供热实施方案及重点工业园区热电规划的基础上，编著形成本书。

　　本书重点围绕工业园区供热方式的热源技术选择，系统回顾总结了当前供热方式选择的综合评价方法、评价指标体系研究进展，以及国内外供热方式发展历程及其经验启示。结合工业园区产业转型、热源技术进步，从供热方式的供需两侧分析了工业园区供热方式选择的内外部环境变化特点。在此基础上，聚焦燃料种类和技术类型两大方面，构建了一套包括环保要求、燃料价格承受力、燃料供应保障力等三个燃料因子和现有热负荷、近期预测热负荷、供热半径、热负荷密度、热电比、负荷特性、用热量比重等七个技术因子的工业园区供热方式选择的技术指标体系、关键指标标准和技术方式优化方法。综合考虑经济、环保、安全、高效四个方面及其九个配套参数，运用财务成本分摊法、灰色多层次综合评价模型两种方法，定量分析了工业园区供热方式的电热经济性成本和综合优劣势水平，并协助起草制定了广东省工业园区"集中供热指导意见"和"集中供热实施方案"政策文件，指导工业园区集中供热有序健康发展，提出优化工业园区供热方式发展的政策措施建议。

　　本书第一章、第二章第一节、第三章、第四章、第五章及第六章第四节、第八章由钟式玉编写，其余章节由于文益、郭贤明编写。钟式玉负责全书统稿。

特别感谢广东省发改委、广东省能源局等有关部门领导、专家的帮助与支持。书中参考了大量相关文献及数据资料，在此一并表示感谢。

本书依托的课题成果获得广东省科技进步三等奖、国家发改委优秀成果二等奖及广东省发改委优秀成果一等奖，但由于编者理论水平和实践经验有限，加之难以收集最新的资料素材，书中疏漏与不足之处在所难免，恳请读者批评指正。

编著者

2019 年 6 月

目　录

第一章　供热方式选择研究综述

第一节　供热方式基础知识

一、供热方式概念

供热方式是一个比较宽泛、笼统的约定俗成概念，相关行业政策法规或文献没有专门提出清晰、明确的界定。但是，参照集中供热的定义，可以这样理解：供热方式是指由热源所产生的蒸汽、热水，通过热力管网为一个区域或部分工商业生产和城乡居民生活采暖提供所需热量（蒸汽、热水）的方法、形式和系统（图1-1）。本书主要对供热方式的热源选择进行研究。

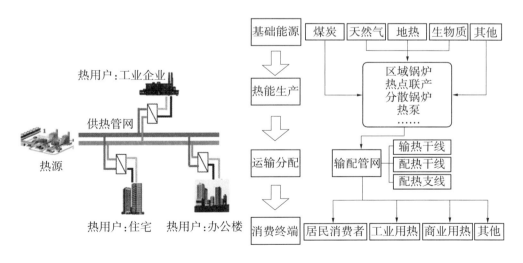

图1-1　供热方式基本构架及供热流程图

从供热方式的定义来看，供热系统由热源、热网和热用户三部分构成（对于分户供热模式，仅包含热源和热用户两个要素）。其中，热源是供应热量的场所，是供热系统的核心，包括热电厂、区域锅炉房、单体供热锅炉及工业余热、热泵、地热、核能以及可再生能源等形式，也可以由几种热源共同组成多热源联合供热系统，例如热电厂和区域锅炉房在同一个供热系统上，热电厂承担供热系统的基本热负荷，区域锅炉房承担尖峰负荷（又称尖峰锅炉房）。当前，我国城市供热方式特别是工业供热系统已经形成了以热电联产为主，区域锅炉房为辅，热泵、太阳能、地热、生物质能、余热等多种形式的热源为补充的发展格局，各种形式热源大多相互独立。由于各种热源有着各自的优缺点和适应范围，供热方式选择应该坚持因地制宜、多种热源、多种途径的发展方针，并且要充分考虑区域经济产业发展目标、能源发展目标以及对环境质量的要求等多方面因素。

供热管网是由供热热源向热用户输送和分配供热介质（蒸汽、热水）的管线系统，承担着将蒸汽从热源向各个热用户或热力站输送的任务，尤其在蒸汽集中供热系统中，蒸汽在输配管网内的流动状态直接关系到整个供热系统的经济性与安全性。热网由输热干线、配热干线、配热支线等组成，输热干线自热源引出，一般不接支线，配热干线自输热干线或直接从热源接出，通过配热支线向用户供热。在大型管网中，有时为保证管网压力工况，集中调节和检测供热介质参数，而在输热干线或输热干线与配热干线连接处设置热网站。根据热负荷分布情况以及地质地形条件，供热管网一般布置成枝状。当由多热源供热时，为了互相备用，提高供热的可靠性和灵活性，各热源的输热干线间可设连通管，也可布置成环状。市区管线多沿街道一侧与其他地下管线平行布置。热网的布置应尽量使管线走在热负荷中心，供热半径最短，对城市干扰最少，施工和运行管理方便。供热管线有地下敷设和地上敷设两种方式。

热用户是从供热系统获得热能的用户装置，是供热系统中的最末端装置，即热能源最终使用者。热用户在单位时间内所需的供热量，称为热负荷。热负荷是制订供热规划和设计供热系统的重要依据，也是对供热系统设计进行技术经济分析的重要原始资料。供热系统的热负荷主要有采暖、通风、空调、热水供应和生产工艺用蒸汽等几种形式。其中，采暖和通风用热是季节性热负荷，而热水供应和生产工艺用热则多是常年性热负荷。季节性热负荷随气候条件而变化，在一年中变化很大，但在一天内波动较小。常年性热负荷受气候条件影响较小，在一年中变化不大，但在一天内波动大，特别是对非全天需热的用户。在供热区域范围内，各热用户的热负荷最集中、通往各热用户的供热管网最短的点，称为热负荷中心。

二、供热方式类型及其特点

供热方式有多种划分依据，按照地域划分可以分为城镇供热、农村地区供热、特殊地区供热；按照供热形式可以分为集中供热和分散式供热；按照供热用途可以划分为民用供热、工商业供热；按照热媒不同，可以分为热水供热系统和蒸汽供热系统；按照热源不同，可以分为燃煤锅炉供热系统、天然气锅炉供热系统、地源热泵、水源热泵、工业余热、核能和太阳能等供热系统；按照供热管道不同，可分为单管制、双管制和多管制的供热系统。

从热源系统及其与热用户分布的位置关系，可将供热方式简要地划为分散供热和集中供热两大类。其中，分散供热主要采用单体供热锅炉直接向用户提供热量，即用户自备小锅炉；集中供热则是由集中热源所产生的蒸汽或热水，通过管网供给工业区或工业企业相对集中区生产和生活使用的供热方式，包括热电联产系统、分布式能源站、集中供热锅炉房等形式。通常来讲，供热系统的规模越大，则相应的锅炉容量越大，燃料的燃烧效率就更高，整个系统的能源利用效率也就会越高。

随着技术进步和不断创新发展，供热方式已经从传统的分散供热锅炉逐渐向集中供热系统发展。集中供热可以提供稳定、可靠的高品位热源，具有能源利用效率高和减少污染物排放等优势，并广泛应用于热负荷密集的工业园区和产业集聚区。综合热源的燃料类型、系统配置等方面属性，各类供热方式特点如下：

1. 分散小锅炉供热

分散小锅炉供热是指以煤炭、燃油、天然气为燃料，仅为单一用户直接供热的能源生产方式，锅炉蒸发量一般较小，大多在 2 吨炉至 30 吨炉范围内。工业园区企业自用供热锅炉多以燃煤链条蒸汽锅炉为主，比如造纸、纺织印染、食品、饮料等企业，利用燃煤锅炉产生的饱和蒸汽进行工业生产。

分散小锅炉供热采取单元制模式——对应，每个热用户均建有自备锅炉房供热系统，是我国长期以来采用较多的供热模式，具有建设速度快、使用灵活、操作方便、系统简单等优点，但同时企业自备小锅炉污染排放大，多数企业没有安装脱硫装置的能力，只是安装简易的除尘装置，环境污染严重；

有些锅炉靠人工操作就地监控，燃煤锅炉运行自动化程度和机械化程度相对较低，很难保证锅炉安全、可靠、稳定和经济地运行，存在较大的安全隐患。

我国煤炭资源丰富，煤炭价格较低，燃煤锅炉是我国供热发展初期的最重要方式，发挥了重要作用。随着节能环保日渐严格的要求，小型分散燃煤锅炉已经被逐步关停淘汰。天然气作为典型的清洁燃料，在气源充足且环境要求高的地区，正在将燃煤锅炉改成燃气锅炉的供热形式。但由于天然气价格较高，运行费用较高，且在冬季用气高峰时，供气量难以保证，广泛采用燃气锅炉有一定困难。燃油锅炉虽然比燃煤相对清洁，烟尘排放量较低，但其排放的氮硫氧化物等有害气体对环境污染较大，也被逐步关停淘汰。各工业园区企业自备锅炉在实施煤改气为主的同时，也有企业采用生物质的小锅炉供热。

2. 热电联产系统

热电联产系统是指同时产生电力和热力，电力基本全部上网的能源联合生产方式，燃料以煤炭和天然气为主。热电联产是国内外普遍采用的集中供热形式，发电锅炉将燃料的化学能转化高温的蒸汽，高温高压蒸汽中高质量的热能先用来发电，然后把在汽轮机中因做功导致品位降低的热能，提取出来对外界供热。其中，抽气方式包括抽凝式和背压式。抽凝式即在汽轮机中间级抽取蒸汽用于供热，供热量灵活可调；背压式则将汽轮机发电后蒸汽全部用于供热，供热量大但调节能力较差。

热电联产是一种建立在能量梯级利用概念基础上，将制热及发电过程一体化的总能系统，其最大的特点就是对不同品质的能量进行梯级利用，温度比较高的、可用的热能被用来发电，而温度比较低的低品位热能则被用来供热（或是制冷），能源得到充分利用以提高综合热效率。同时热电联产还具有供热系统稳定、负荷易于调整，可以实现多负荷集中供热，环境污染较小等优点。

对于燃煤、燃气热电联产以及不同抽气方式的特点主要如下：

（1）燃煤背压式热电联产过程中，燃料在锅炉中燃烧产生高温高压蒸汽带动汽轮机组发电，排汽不经过冷凝器直接送到热用户使用。理论上说由于汽轮机排汽全部供热，热损失小，全过程能量没有浪费，所以热能利用效率较高。但是，由于蒸汽做功发电后用于供热，热电耦合性强，供热调节能力相对较弱，机组的发电量受热负荷的变化影响程度较大，不能同时独立地满足热负荷与电负荷的需要（图1-2）。

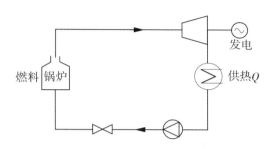

图1-2 燃煤背压式热电联产供热原理图

（2）燃煤抽凝式热电联产机组则从汽轮机中间段抽出一部分蒸汽用于供热。蒸汽流向分为两股或多股，分别用于供热和发电，二者均可调节，因此热电制约较小，运行较为灵活。在保证供电、供汽参数一定的条件下，能较好地满足用户对热负荷、电负荷的不同要求。但汽轮机发电之后的余热不再用于供热，由于有冷凝器的冷源损失，因此热能利用率低于背压机组，特别是当抽汽负荷降低时，为保证发电量，用于发电的蒸汽变多，进入冷凝器的乏汽量增加，冷源损失增加（图1-3）。

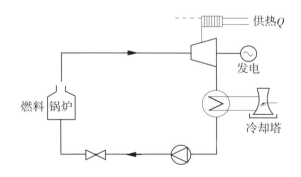

图1-3 燃煤抽凝式热电联产供热原理图

（3）燃气内燃机热电联产机组可利用余热，主要由缸套水余热和烟气余热两部分组成。其中，前者维持内燃机的工作温度，通过冷却系统将受热部件，如气缸、气门等热量带走，一般在80～120℃之间；后者是气缸内燃料燃烧做功后产生的废气排出时带走的热量，温度在400～600℃之间，即通过回收烟气和各部件冷却水用于制冷或供热（图1-4）。

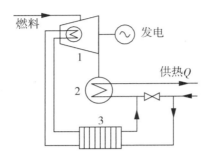

图1-4　燃气内燃机热电联产系统原理图
1—内燃机；2—排烟余热换热器；3—缸套水换热器

（4）燃气轮机热电联产机组燃气燃烧得到的高温高压气体进入燃气轮机发电，发电之后的排气除了部分用于加热压缩空气外，其余经过余热锅炉回收产生蒸汽再供热或制冷。燃气轮机的废热还可以直接排入直燃型溴化锂机组或其他工业加热设备来回收利用（图1-5）。

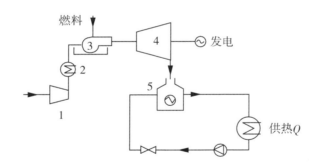

图1-5　燃气轮机热电联产系统原理图
1—压气机；2—空气预热器；3—燃烧室；4—燃气轮机；5—余热锅炉

通常情况下，燃气轮机功率的2/3左右用来驱动压气机，其有效输出功率仅为1/3左右。由于排气温度可达到450～550℃，所以热水温度可达120～150℃。除了余热锅炉之外，还设置辅助锅炉，以更好地保证热源可靠性。

（5）燃气-蒸汽联合循环热电联产系统将燃气轮机和蒸汽轮机结合起来，燃气轮机的排气引入余热锅炉，产生高温高压蒸汽驱动汽轮机，带动发电机发电，发电之后的乏汽余热用于供热。以燃气轮机为主，汽轮机为辅，后者容量为前者的 30%～50%。联合循环结合了燃气轮机和蒸汽轮机的特点，将热能从高温端（1000℃左右）一直到低温（最低可达 30℃）都可以用来发电，因此它最显著的特点是发电效率较燃气轮机或汽轮机循环有明显提高。一般燃气轮机热效率达 40%，联合循环机组的热效率接近 60%，远高于目前常规火电站的超临界乃至超超临界机组。同时联合循环适应两班制运行的特点，机组能够快速启停，具有很好的负荷适应性，调峰性能优良，在电网中可作为承担尖峰负荷的主力机组（图 1-6）。

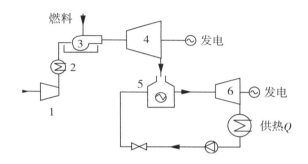

图 1-6　燃气-蒸汽联合循环系统原理图（余热锅炉型）
1—压气机；2—空气预热器；3—燃烧室；4—燃气轮机；5—蒸汽余热锅炉；6—汽轮机

3. 分布式能源站

分布式能源站是指位于用户终端，通过热（冷）电联供直接满足用户能源需求，实现能源梯级利用和能源利用效率最大化的现代能源供应方式。一次能源一般以气体燃料为主，可再生能源为辅，利用一切可以利用的能源；二次能源以分布在用户端的热电冷联产为主，其他中央能源供应系统为辅。分布式供能站主要由动力系统、发电机、余热回收制热/制冷装置组成，有的还备有辅助制热/制冷装置和蓄能（主要是蓄热/蓄冷）装置。其中，原动机包括燃气轮机式和内燃机（主机）式。燃气轮机式可抽取蒸汽用于供热；内燃机式则利用烟气实施热交换来供热水或制冷，基本不供应蒸汽（图 1-7）。

典型的分布式能源站的动力系统主要是燃气轮机或内燃机。主机带动发电机发电，发电后的高温排烟进入余热回收装置向外供冷或供热（热水）。为提高系统的运行灵活性和经济性，通常在系统内增设蓄能系统。在冷（热）负荷低时，蓄冷（热）、待冷（热）负荷较高及主机排烟无法满足要求时，蓄能装置向外释能，满足尖峰负荷需要。

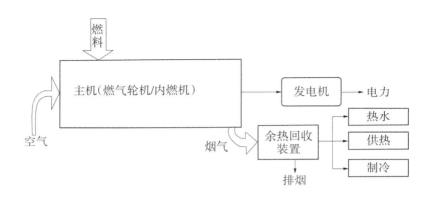

图 1-7 分布式能源站原理图

分布式能源站按照规模划分，主要包括楼宇型和区域型两种类型。楼宇型一般适用于二次能源需求性质相近且用户相对集中的楼宇（群），包括宾馆、学校、医院、写字楼以及商场等，一般采用内燃机或小型燃气轮机作为动力设备。区域型一般适用于冷、热（包括蒸汽、热水）、电需求较大的工业园区、产业园区、大型商务区等，一般采用燃气轮机作为动力设备。按照与电网的关系划分，分布式能源系统主要包括独立运行、并网不上网、并网上网和发电量全部上网四种类型。分布式能源站的基本特征如下：

（1）一般直接接在用户端或配网，接近负荷。分布式能源站通常是根据用户的用能特点，为用户量身定做的能源供应系统。一般都安装在用户端，供电电压低（典型的配电电压等级为380V）、供冷（热）管道不可太长，以减小输配损失。

（2）冷热电联供，能源综合利用效率高。将供热、电力和制冷等系统优化整合为一个新的、统一的能源综合系统，同时向用户提供不同品位的电、热、冷等多种能源，实现优质能源的梯级合理利用，更好地满足用户冷、热、电、蒸汽、生活热水等各种负荷的需求，提高能源的利用效率和综合效益。

（3）能源利用多元化，环境效益优势明显。分布式能源站可以利用多种能源，包括天然气、合成气等化石能源以及太阳能、风能、生物质能、地源热泵等可再生能源，有利于因地制宜地实现多种清洁能源的匹配使用，具有明显的洁净环保效益。

（4）小型化，模块化。为保证能源综合利用效率70%以上，分布式能源站要求基本达到满负荷运行，通常只满足用户用热或用电15%～20%的用能需求，其余电力和用热则分别由电网和增设燃气锅炉供应，一般装机容量相对较小，十几千瓦到几兆瓦不等。

分布式能源站以内燃机、小型或微型燃机为核心，各主要设备相互独立、技术成熟，自动控制水平和运行灵活性、可靠性较高。可根据用户的具体要求，选择不同的设备构建整个系统，完全实现模块化结构。

（5）智能化，一般配置储能设备。分布式能源是构建智慧能源体系和智能电网系统的基础，可以将每个能源装置的自动控制计算机连接，运用自控系统和智能管理平台在一定范围内实现智能优化指挥调度。由于分布式能源站热（冷）电负荷相互制约，可能无法同时满足用户侧需要，因此，可在热（冷）负荷较小时，将多出的热（冷）储存到蓄能装置中；而当热（冷）负荷相对较大、机组本身余热无法满足要求时，由蓄能装置释放先前储存的能量来满足要求，以提高系统运行灵活性和经济性。

（6）提高供电安全性和能源供应可靠性。以大机组、高电压、远距离为主的集中供电方式，如果电网中一旦出现故障，将影响整个供电系统的稳定，严重的话可能导致整个电网瘫痪，导致大面积停电。但是分布式能源布置在用户端，既可作常规供电，也可作应急备用电源，需要时还可作电力调峰，从而弥补大电网在安全稳定性方面的不足，由此提高供电及电网的安全可靠性。

4. 区域集中锅炉房

区域集中锅炉房是指在当地尚未具备热电联产的生产条件下，为解决分散供热问题先行发展起来的，以煤炭、天然气、生物质或电力为燃料，为供热范围内多家用户供应热力的能源生产方式。按照供热介质的不同可以分为蒸汽锅炉房集中供热系统和热水锅炉集中供热系统，其中蒸汽锅炉房集中供热系统主要用于工业生产供热，而热水锅炉集中供热系统主要用于民用供热。

区域燃煤锅炉房是目前集中供热的主要形式（图1-8），但在我国以煤为主的燃料结构下，装机规模不大的区域锅炉房能源利用效率不高，消耗了大量的化石能源，同时造成了严重的环境污染，在发达国家这种供热形式已经被淘汰。在我国国情下，区域燃煤锅炉房也有其显著的优势：厂房占地面积小，位置选择和装机规模可随负荷灵活调整，供热技术成熟，燃料来源广泛，建设运行周期短等。同时，在很多大型集中供热系统往往选择用热电联产作为主热源，为了充分利用热电厂的经济效益，需要一定数量和规模的调峰热源，这时区域锅炉房就能体现其规模可大可小、位置选择灵活的优势。

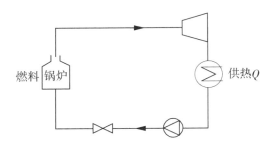

图 1-8　区域集中锅炉房供热原理图

5. 多热源联网供热

为解决单个热源点相对独立运行，无法进行供热互补的问题，我国近几年部分城市中已有采用两种以上热源共用一个管网的模式，共同为热用户提供热源，并取得较理想的供热效果，但在工业园中较少使用。

多热源联网技术的核心内容是在保证用户供热质量的前提下，实现各热源的供热量能按需要进行自由调度。多热源联网供热系统将两种以上供热方式进行整合，在现有热源点基础上，同步开发供热管网和热源点建设，使各热源点能够充分发挥作用，达到优势互补、互为备用的目的。很明显，多热源联网供热具有综合热效率高、能源利用充分、供热系统稳定、负荷易于调整等优点，可以实现多负荷集中供热，结合园区建设分步实施。在加强关停淘汰分散小锅炉，现有供热系统无法进行扩建，而供热区域新增热用户需要扩大供热面积的情况下，多热源联网供热将成为我国工业园区能源供应模式的未来发展趋势。但也要注意，多热源联网供热存在供热管网初期投资较大、投资风险大、人为把管道隔断等问题，一般管网作为园区基础设施，由政府投资为宜。

三、主要供热方式额定供热量

在发展燃煤热电联产的基础上，我国自 20 世纪 80 年代开始陆续建设大型燃气－蒸汽联合循环机组，先后经历了 2000 年开始的 E 级机组建设以及后来的 F 级机组建设两个高峰。目前，我国燃机建设进入到以分布式能源站和正在开启更高效 H 级燃气－蒸汽联合循环机组为主的发展阶段。

热电联产机组与分布式能源站的主要机型额定电功率和供热量见表 1-1。

表 1 - 1　热电联产机组与分布式能源站的主要机型额定电功率和供热量

序号	供热方式	燃料种类	原动机类型	机型名称	额定电功率（MW）	额定供热量（t/h）
1	热电联产机组	煤炭、天然气	背压式	6MW 燃煤背压式	6	40
2				8MW 燃煤背压式	8	100
3				12MW 燃煤背压式	12	150
4				25MW 燃煤背压式	25	200
5				50MW 燃煤背压式	50	300
6				75MW 燃煤背压式	75	500
7			抽凝式	300MW 级燃煤抽凝式	300	240
8				600MW 级燃煤抽凝式	600	730
9				6B 级燃气抽凝式	60	35
10				6F 级燃气抽凝式	120	55
11				9E 级燃气抽凝式	180	70
12				9F 级燃气抽凝式	460	230
13				9H 燃气抽凝式	600	300
14	分布式能源站	天然气	内燃机	J920 内燃机式	9.5	8.1MW（热水）
15			燃气轮机	T130 燃气轮机式	15	25
16				LM6000PF 燃气轮机式	50	35

资料来源：根据《实用集中供热手册》《热电联产规划设计手册》等资料整理。

第二节　供热方式选择研究进展

供热方式的类型多样、技术多元、燃料多种，不同供热方式的技术经济和节能环保效益存在明显差异，各地能源政策、产业发展差异以及用户负荷特性等外部环境也会对供热方式的选择产生影响，评价供热方式必然涉及诸多方面因素，不仅包括技术、经济、环境等方面较易于定量的因素，也有安全、社会、管理等方面难以定量的定性因素，且各个因素之间往往还存在着一定程度上的相互影响关系。因此，对于供热方式如此复杂的系统和受到众多影响因素的评价与选择，单独评价供热方式的技术效率、经济效益、环境影响等某一方面的优劣效果都显得不足，必须要合理地综合评价供热方式的整体优劣水平，这才是科学选择供热方式的前提基础。

一、供热方式选择的综合评价方法

综合评价方法，也叫多指标综合评价方法，是指使用比较系统的、规范的方法对于多个指标、多个单位同时进行评价。它针对研究的对象，建立一个进行测评的指标体系，利用一定的方法或模型，对搜集的资料进行分析，将多个评价指标值"合成"为一个整体性的综合评价值，对被评价的事物做出定量化的总体判断。从当前研究文献来看，供热方式选择的相关综合评价方法主要包括层次分析法、模糊综合评价法、灰色综合评价法以及数据包络分析法等。

1. 层次分析法

层次分析法（analytic hierarchy process，AHP），是将与决策总是有关的元素分解成目标、准则、方案等层次，在此基础之上进行定性和定量分析的决策方法。它是美国运筹学家匹茨堡大学教授马斯·塞蒂于 20 世纪 70 年代初，在为美国国防部研究"根据各个工业部门对国家福利的贡献大小而进行电力分配"课题时，应用网络系统理论和多目标综合评价方法提出的一种层次权重决策分析方法。由于它在处理复杂的决策问题上的实用性和有效性，很快在世界范围得到重视，广泛应用在能源政策分析、产业结构研究、科技成果评价、发展战略规划、人才考核评价以及发展目标分析等方面。在应用 AHP 综合评价供热方式的研究中，郑忠海等人利用 AHP 综合评价了我国城市常见的 28 种供热方式；张沈生（2009）采用 AHP 评价了电动水源热泵、热电联产、电动空气源热泵、电热膜、区域燃煤锅炉、区域燃气锅炉等供热模式的综合效益；郑忠海等利用层次分析法，引入供热系统的能量转换效率指标，建立了供热方式的能耗、经济和环境为决策目标的综合评价模型；宋毅超（2013）运用 AHP 评价了燃煤锅炉房供热系统、燃气锅炉房供热系统和热电厂供热系统在西咸新区某园区集中供热方案的综合效益；张健等（2017）以某小区集中供热系统为例，采用 AHP 对热电联产供热系统与热泵供热系统进行综合评价。

AHP 基本思路是，根据问题的性质和要达到的目标，将问题分解为不同的组成因素，按照因素之间的相互影响和隶属关系将其分层聚类组合，形成一个梯级的、有序的层次结构模型。而每一层次各因素的重要性的确定，则依据专家对客观现实的了解和经验判断给予定量表示，利用数学方法确定每一层次全部因素相对重要性次序的权值。通过综合计算各层因素相对重要性的权值，得到最低层（方案层）相对于最高层（总目标）的相对重要性次序的组合权值，以此作为评价和选择方案的依据。对于供热方式的选择，满足层次分析法的基本条件，可以采用本方法综合评价各类供热方式。

AHP 的具体计算步骤如下：

（1）建立层次结构。在深入分析实际问题的基础上，将有关的各个因素按照不同属性自上而下地分解成若干层次，同一层的诸因素从属于上一层的因素或对上层因素有影响，同时又支配下一层的因素或受到下层因素的作用。最上层为目标层，通常只有一个因素，最下层通常为方案或对象层，中间可以有一个或几个层次，通常为准则或指标层。当准则过多时（譬如多于 9 个）应进一步分解出子准则层。一个典型的层次结构见图 1 - 9。

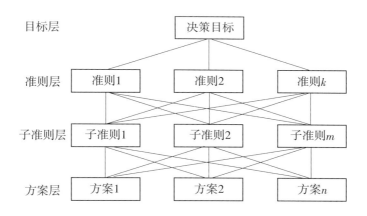

图 1 - 9　层次结构图

（2）构造判断矩阵。从层次结构模型的第 2 层开始，对于从属于（或影响）上一层每个因素的同一层诸因素，用两两成对比较法和 1～9 比较标度构造成对比较矩阵 A，直到最下层。1～9 标度各代表的含义见表 1 - 2。

$$A = \begin{pmatrix} a_{11} & a_{12} & \cdots & a_{1n} \\ a_{21} & a_{21} & \cdots & a_{2n} \\ \vdots & \vdots & & \vdots \\ a_{n1} & a_{n2} & \cdots & a_{nn} \end{pmatrix}$$

13

表 1 - 2   1～9 标度表

评分标准	定义
1	i 因素与 j 因素同等重要
3	i 因素与 j 因素略为重要
5	i 因素与 j 因素较重要
7	i 因素与 j 因素非常重要
9	i 因素与 j 因素绝对重要
2，4，6，8	以上两种判断的中间状态对应的标度值
倒数	j 因素与 i 因素比较，判断值 $a_{ji} = 1/a_{ij}$，$a_{ii} = 1$

（3）层次单排序及其一致性检验。层次单排序即把同一层次相应元素对于上一层次某元素相对重要性的排序权值求出来。其方法是计算判断矩阵 A 的满足等式 $AW = \lambda_{max} W$ 的最大特征值 λ_{max} 和特征向量 W，这个特征向量里的各元素值即为权值。

可以证明，对于 n 阶矩阵。其最大特征根 λ_{max} 为单根，且 $\lambda_{max} \geq n$。λ_{max} 所对应的特征向量均由正数组成。特别地，当判断矩阵具有完全一致性时，有 $\lambda_{max} = n$。为检验判断矩阵的一致性，需要计算一致性指标 CI =（$\lambda_{max} - n$）/（$n - 1$）。

当 $\lambda_{max} = n$ 时，CI = 0，判断矩阵为完全一致的。CI 值越大，判断矩阵的一致性越差；CI 值越小，越接近一致性。此外，还需要判断矩阵的平均一致性指标 RI。对于 1 至 10 阶矩阵，RI 的值见表 1 - 3。

表 1 - 3   RI 修正值表

n	1	2	3	4	5	6	7	8	9	10
RI	0	0	0.58	0.96	1.12	1.24	1.32	1.41	1.45	1.49

对于 1，2 阶判断矩阵，RI 只是形式上的，因为 1，2 阶判断矩阵总具有完全一致性。当阶数大于 2 时，判断矩阵的一致性指标 CI 与同阶平均随机一致性指标 RI 之比成为随机一致性比率，记为 CR，当 CR = CI/RI < 0.10 时，即认为判断矩阵具有满意的一致性，否则就需要调整判断矩阵，使其具有满意的一致性。

（4）层次总排序。首先对准则层进行计算，依次沿递接层次结构由上而下逐层计算，即可计算出最低层因素相对于最高层（总目标）的相对重要性或相对优劣的排序值（层次总排序）。层次总排序是针对最高层目标而言的，最高层次的总排序就是其层次总排序。层次总排序的计算公式为 $W_{ij} = B_i \times b_{ij}$。

计算各层元素系统目标的合成权重，进行总排序，以确定结构图中最底层各个元素在总目标中的重要程度。这一过程是最高层次到最低层次逐层进行的。

（5）方案层排序。计算每个方案的综合效益评价值，其公式为 $R = W \times Y$。

其中，$R = (R_1, R_2, \cdots, R_n)$ 为 n 种方案综合效益评价值；$W = (W_1, W_2, \cdots, W_m)$ 为 m 个子准则层的权重；Y 为 $m \times n$ 矩阵，是指 n 种方案的 m 个子准则层的无量纲化数据矩阵。

在计算方案的综合效益评价值前，应先对不同方案的数据进行无量纲化处理。然后按求得的综合效益评价 R_i 的大小将不同方案进行排序，R_i 越大的方案综合效益越好，排序越靠前。

2. 模糊综合评价法

现实世界中许多事物或现象存在中间状态和不确定性，或者概念的边界不清楚等模糊性问题。模糊数学就是试图利用书序工具解决模糊事物方面的问题。模糊数学的理论最初于 1965 年由美国加州大学的控制论专家扎德（L. A. Zadeh）提出，用以表达事物的不确定性。但是模糊综合评价法作为模糊数学的一种具体应用方法，最早是由我国学者王培庄提出。具体地说，模糊综合评价法就是以模糊数学为基础，应用模糊关系合成的原理，将一些边界不清、不易定量的因素定量化，从多个因素对被评价事物隶属登记状况进行综合性评价的一种方法。

模糊综合评价法的基本原理是首先确定被评价对象的因素（指标）集和评价（等级）集；再分别确定各个因素的权重及它们的隶属度向量，获得模糊评价矩阵；最后把模糊评价矩阵与因素的权向量进行模糊运算并进行归一化，得到模糊评价的综合结果。模糊综合评价法具有结果清晰、系统性强的特点，能较好地解决模糊的、难以量化的问题，适合各种非确定性问题的解决。在应用模糊综合评价方法分析选择供热方式的研究中，李丽等（2013）通过建立城市供热可持续发展模式评价指标体系，运用模糊综合评价方法对热电联产、燃气锅炉采暖、燃油锅炉采暖、燃煤锅炉采暖、太阳能热泵系统、水源热泵系统及土壤源热泵系统的经济、环境和能源优度进行了综合评价，指导实际供热工程建设；曹晓飞（2013）认为将模糊数学思想和方法应用到集中供热系统控制方案的评价中，可以将影响供热系统运行调节控制方案的因素及其影响度进行量化，进而进行分析，使得评价和决策结果更详细、更准确，因此采用模糊综合评价法对青岛市某集中供热系统运行调节控制方案进行了综合优化评价；朱琳（2014）采用层次分析法和模糊数学综合评价法相结合的 FAHP 的综合评价法，对鲁北热电联产项目的盈利能力、偿债能力、营运能力和发展能力进行了财务效益的综合评价；刘娇娇（2016）以华北地区某无热电联产集中供暖的县城为例，针对区域中的居住建筑、公共建筑和工业建筑选取五种不同类型建筑（分别是住宅、商场、医院、学校和工业厂房），根据各类建筑现有可利用热源情况对每类建筑选取了 4～6 种供暖方式，采用模糊综合评价法从经济性、环保性、节能性和能源技术性四个方面进行综合评价，为每类建筑选出最优供暖热源。

模糊综合评价法的模型构成和主要计算步骤如下：

（1）建立评价对象的因素集。设 $U = \{u_1, u_2, u_i, \cdots, u_m\}$ 为刻画被评价对象的 m 种评价因素（即评价指标）。m 为评价因素的个数，由具体指标体系决定。

（2）确定评价对象的评语集。设 $V = \{v_1, v_2, v_j, \cdots, v_n\}$ 为评价者对被评价对象可能做出的各种总的评价结果组成的评语等级的集合。其中，v_j 代表第 j 个评价结果，n 为总的评价结果数，一般划分为 3～5 个等级。

（3）构建评价矩阵和确定因素权重。根据模糊数学理论分别用公式计算 u_i 的每个因素对 V_j 的隶属度，即第 i 个因素 u_i 的单因素评价集：$r_i = (r_{i1}, r_{i2}, \cdots, r_{in})$。对于 m 个因素而言，就构成了一个总的评价矩阵 $\boldsymbol{R}$，即每一个被评价对象确定了从 U 到 V 的模糊关系 $\boldsymbol{R}$：

$$\boldsymbol{R} = (r_{ij})_{m \times n} = \begin{bmatrix} r_{11} & r_{12} & \cdots & r_{1n} \\ r_{21} & r_{21} & \cdots & r_{1n} \\ \vdots & \vdots & & \vdots \\ r_{m1} & r_{m2} & \cdots & r_{mn} \end{bmatrix}$$

其中，r_{ij} 表示某个被评价对象从因素 u_i 来看对等级模糊子集 v_j 的隶属度，可以看作是影响因素集 U 与评价对象 V 之间的"合理关系"，一般将其归一化处理，使之满足 $\sum (r_{ij}) = 1$，以此消除量纲对 $\boldsymbol{R}$ 矩阵的影响。

由于评价因素集中的各个因素在评价目标中有不同的地位和作用，即各个评价因素在综合评价中占有不同的比重，因此，设定 U 上的一个模糊子集 A 为各因素的权重，$A = (a_1, a_2, \cdots, a_i, \cdots, a_m)$，其中，$a_i > 0$，且 $\sum (a_{ij}) = 1$。

（4）进行模糊合成和做出决策。R 中不同的行反映了某个被评价事物从不同的单因素来看对各等级模糊子集的隶属度。用模糊权向量 A 将不同的行进行综合，就可得到该被评价事物从总体上来看对各等级模糊子集的隶属度，即模糊综合评价结果向量。因此，引入 V 上的一个模糊子集 B，称为模糊评价或鞅策集，即 $B = (b_1, b_2, \cdots, b_i, \cdots, b_n)$。一般地，令 $B = A * R$（ $*$ 为算子符号），称为模糊变换。

$$B = A \cdot R = (a_1, a_2, \cdots, a_m,) \begin{pmatrix} r_{11} & r_{12} & \cdots & r_{1n} \\ r_{21} & r_{22} & \cdots & r_{2n} \\ \vdots & \vdots & & \vdots \\ r_{m1} & r_{m2} & \cdots & r_{mn} \end{pmatrix} = (b_1, b_2, \cdots, b_n)$$

其中，b_j 表示被评价对象从整体上看对评价等级模糊子集因素 V_j 的隶属程度。

由于 B 是对每个被评价对象综合状况分等级的程度描述，它不能直接用于被评价对象间的排序评优，必须再进一步分析处理之后才能应用。通常情况下可以采用最大隶属度法则对其处理，即最大值作为最优评价结果。

3. 灰色综合评价法

由于人们对评价对象的某些因素不完全了解，致使评价根据不足；或者由于事物不断发展变化，人们的认识落后于实际，使评价对象已经成为"过去"；或者由于人们受事物伪信息和反信息的干扰，导致判断发生偏差等。总体上来说，就是信息的不完全，即灰色系统。灰色系统理论就是从信息的非完备性出发研究和处理复杂系统的理论，它不是从系统内部特殊的规律出发去讨论，而是通过对系统某一层次的观测资料加以数学处理，达到在更高层次上了解系统内部变化趋势、相互关系等机制。

灰色系统理论应用的主要方面之一就是灰色关联度分析。灰色关联分析是一种多因素统计分析方法，用灰色关联度来描述因素间关系的强弱、大小和次序。从思路上看，关联度分析属于几何处理范畴，是根据序列曲线几何形状的相似程度来判断其联系是否紧密的相对性排序分析，曲线越接近，相应序列之间的关联度就越大，反之就越小。基于灰色关联度分析的灰色综合评价法是利用各方案与最优方案之间关联度的大小对评价对象进行比较、排序。其实质是比较若干数列所构成的曲线与理想数列所构成的曲线几何形状的接近程度，几何形状越接近其关联度越大。关联序则反映各评价对象对理想对象的接近次序，即评价对象的优劣次序，灰色关联度最大的评价对象为最佳。在运用灰色综合评价方法选择供热方式的研究中，皇甫艺等（2005）采用层次分析和灰色关联相结合的方法综合评价了上海地区一幢典型五层住宅建筑的五种冷热电联产方案的优劣势；郑利娟等（2007）运用灰色系统理论综合评价了热电联产、燃煤区域锅炉房、燃气区域锅炉房、分散式燃气锅炉房、低温核供热及热泵供热的经济、环境、技术先进性三方面的综合效益；陈越（2017）应用灰色关联度分析了南京化工园区耗煤量和耗天然气量对供热能力、供热价格、PM2.5 年均浓度的影响程度。

灰色综合评价法的过程主要包括：①建立灰色综合评估模型；②对各种评价因素进行权重选择；③进行综合评估。其中，灰色综合评估法中的权重选择可以结合层次分析法，以提高评估的准确性。具体步骤如下：

（1）确定比较数列（评价对象）和参考数列（评价标准）。设定评价对象为 m 个，评价指标为 n 个，比较数列为 $C_i = \{C_i(k) \mid k = 1, 2, \cdots, n\}$，$i = 1, 2, \cdots, m$，参考数列为 $C^* = \{C^*(k) \mid k = 1, 2, \cdots, n\}$。

（2）确定各指标值对应的权重。对于各评价指标的权重 W_k，采用层次分析法确定 $W = \{C_k \mid k = 1, 2, \cdots, n\}$。其中 W_k 为第 k 个评价指标对应的权重。

（3）计算灰色关联系数。第一步是确定最优指标集（F^*）。设 $F^* = [j_1^*, j_2^*, \cdots, j_n^*]$，式中 j_k^*（$k = 1, 2, \cdots, n$）为第 k 个指标的最优值。选定最优指标集后，构建各指标的原始数值矩阵：

$$\boldsymbol{D} = \begin{bmatrix} j_1^* & j_2^* & \cdots & j_n^* \\ j_1^1 & j_2^1 & \cdots & j_n^1 \\ \vdots & \vdots & & \vdots \\ j_1^m & j_2^m & \cdots & j_n^m \end{bmatrix}$$

其中，j_k^i 为第 i 个方案中第 k 个指标的原始数值。

第二步是规范化处理指标值。为保障结果的可靠性，对原始指标数值进行无量纲化和数量级的规范化处理。设第 K 个指标的变化区间为 $[j_{k1}, j_{k2}]$，

j_{k1} 为第 k 个指标在所有方案中的最小值，j_{k2} 为第 k 个指标在所有方案中的最大值，通过公式处理将原始数值变换成无量纲值 $C_k^i \in (0, 1)$。

$$C_k^i = \frac{j_k^i - j_{k1}}{j_{k2} - j_k^i} \qquad i = 1, 2, \cdots, m；k = 1, 2, \cdots, n$$

由此可得 $D \rightarrow C$ 矩阵：

$$C = \begin{bmatrix} c_1^* & c_2^* & \cdots & c_n^* \\ c_1^1 & c_2^1 & \cdots & c_n^1 \\ \vdots & \vdots & & \vdots \\ c_1^m & c_2^m & \cdots & c_n^m \end{bmatrix}$$

第三步是计算灰色关联系数。根据灰色系统理论，将 $\{C^*\} = [C_1^*, C_2^*, \cdots, C_n^*]$ 作为参考序列，将 $\{C\} = [C_1^i, C_2^i, \cdots, C_n^i]$ 作为被比较序列，运用关联分析法分别求得第 i 个方案第 k 个指标与第 k 个最优指标的关联系数 $\xi_i(k)$，即

$$\xi_i(k) = \frac{\min\limits_i \min\limits_k |C_k^* - C_k^i| + \rho \max\limits_i \max\limits_k |C_k^* - C_k^i|}{|C_k^* - C_k^i| + \rho \max\limits_i \max\limits_k |C_k^* - C_k^i|}$$

其中，$\rho \in [0, 1]$，一般取值 0.5。

（4）计算灰色加权关联度，建立灰色关联度。灰色加权关联度的计算公式为

$$r_i = \frac{1}{n} \sum_{k=1}^n W_k \xi_i(k)$$

其中，r_i 为第 i 个评价对象对理想对象的灰色加权关联度。

（5）综合评价。根据灰色加权关联度的大小，若关联度 r_i 最大，则说明 $\{C^i\}$ 与最优指标 $\{C^*\}$ 最接近，即第 i 个方案优于其他方案。据此对各个方案进行排序，得到各个方案的优劣次序。

4. 其他相关评价方法

除了上述常用的层次分析法、模糊综合评价法、灰色综合评价法以外，供热方式选择的综合评价方法主要有以下两种。

一是数据包络分析法。数据包络分析法（data envelopment analysis, DEA）由美国运筹学家 A. Charnes 和 W. W. Cooper 等学者以"相对效率评价"概念为基础，根据多指标投入和多指标产出对相同类型的单位（部门）进行相对有效性和效益评价的一种新的系统分析方法。它是一种对若干同类型的、

具有多输入多输出的决策单元进行相对效率比较的有效方法。通常应用是对一组给定的决策单位，选定一组输入、输出的评价指标，求所关系的特定决策单元的有效性系数，以此来评价决策单元的优劣，即被评价单元相对于给定的那组决策单元中的相对有效性。据此将各决策单元定级排序，确定有效的决策单元，并可给出其他决策单元非有效的原因和程度。即它不仅可对同一类型各决策单元的相对有效性做出评价与排序，而且还可以进一步分析各决策单元非有效的原因及其改进方向，从而为决策者提供重要的管理决策信息。

其中，张沈生（2009）运用数据包络分析法，选取八种供热模式作为决策单元，选取十四种子准则层作为交叉评价法的评价指标，将初始投资费用、运行费用、大型修理费用、有害气体和粉尘的排放量、单位面积能耗、收费纠纷率、占用空间情况作为交叉评价的输入指标，将使用寿命、效率、安全程度、舒适保健性、温度可调节性、时间可调节性、维修便捷程度作为交叉评价的输出指标，评价得出供热模式的综合效益优劣排序依次为热电联产、家用小型燃气热水炉、电动水源热泵、电动空气热泵、区域燃煤锅炉、区域燃气锅炉、电热膜、蓄热式电暖气。同时，张沈生建立了 DEA/AHP 综合评价模型，即第一阶段为 DEA 成对比较阶段，第二阶段为 AHP 排序阶段。评价之后的供热模式综合效益优劣排序依次为家用小型燃气热水炉、热电联产、区域燃气锅炉、电动水源热、电动空气热泵、区域燃煤锅炉、电热膜、蓄热式电暖气。出现评价结果差异的原因主要是在利用 DEA/AHP 评价过程中，使用两两比较时求其交叉效率评价构造判断矩阵的方法，在一定程度上减少了权重的影响，采用单一水平的方法对所有单元进行全排序。但在用法构造的判断矩阵时，对决策单元两两比较时不合理分配权重问题仍然不能完全消除。张广宇（2016）采用数据包络分析法，评价基于全社会成本效益分析的天然气热电联产项目的投入产出效率发现，天然气热电联产项目的投入产出效率是最高的，这还是在没有考虑各发电类型外部综合效益的情况下得出的结果，如果结合外部综合效益的定性分析，天然气热电联产项目的经济性无疑优于所有其他发电类型（核电、煤电、风电、光伏等九类机组），因此建议大力发展天然气热电联产项目。

二是生命周期评价法。生命周期评价法（life cycle assessment，LCA）起源于 1969 年美国中西部研究所受可口可乐委托，对饮料容器从原材料采掘到废弃物最终处理的全过程进行的跟踪与定量分析，是一种评价产品、工艺或活动，从原材料采集到产品生产、运输、销售、使用、回用、维护和最终处置整个生命周期阶段有关的环境负荷的过程。它首先辨识和量化整个生命周期阶段中能量和物质的消耗以及环境释放，然后评价这些消耗和释放对环境的影响，最后辨识和评价减少这些影响的机会。1993 年国际环境毒理学与化学学会在《生命周期评价纲要：实用指南》中将生命周期评价的基本结构归纳为四个有机联系的部分：定义目标与确定范围、清单分析、影响评价和改善评价。

采用生命周期评价方法可以对某种能源技术或政策使用所产生潜在的环境影响进行预测，其中，蒋金良（2004）等曾给出了多种发电机组的生命周期清单，定性分析了各种发电机组造成的环境污染影响；刘敬尧等（2009）从生命周期各阶段污染物排放和环境影响潜值分析对比常规的燃煤发电、整体煤气化联合循环和天然气联合循环发电系统的环境负荷，提出了生命周期内对各系统降低环境影响的建议；姚均天（2011）以 LCA 方法构建了分布式供能系统的能耗和环境排放分析框架，建立了能源供应、设备制造和分布式供能系统等各部分的清单分析模型，计算确定了各供能方案全年的能耗和环境排放清单，研究发现供能相等的条件下，冷热电联产程度越高，整个生产链的 LCA 能耗和环境排放越低。

二、供热方式选择的综合评价指标

供热方式的综合评价指标既有定量分析也有定性判断，各种类型的供热方式只有在相同的评价指标体系下才具有可比性，若在不同的评价指标下，各种供热方式的优劣差异将会很大。例如，燃煤供热方式由于煤炭成本较低，经济性好，但污染大；燃气供热方式的污染较小，但天然气成本高，经济性相对差。因此，很难用单一的指标对各类供热方式进行综合评价，而且从不同的角度来评价不同的供热方式，一般来说也是不具有可比性的，其结果将是不存在所谓最优的供热方式。另外，对于不同的供热方式综合评价方法，其评价模型对指标数值的要求也不尽相同。但也要注意，尽管影响供热方式选择的评价指标很多，各种指标在决策主体目标中所占的影响比重却不相同，当抓住核心指标，忽略次要影响因素后，就可以用相对较少的指标来反映选择目标的优劣程度，为供热方式选择提供重要依据。

在供热方式技术先进性、经济性和环境效益综合评价指标方面，蔡龙俊等（2005）认为天然气作为较清洁的能源，替代部分煤和油将是今后一段时期内的重要工作。以天然气为燃料的供热方式将不断增加。工业园区内采用天然气分散锅炉供热的成本较高，热用户难以接受。由于工业园区工业用热集中、稳定，采用热电联产优势比较明显。但是，燃气热电联产的实施涉及上网电价、天然气价格、热价等多项价格因素，必须考虑合理的利益分配，统筹兼顾，政府主管部门宜出台政策指导意见。以推动燃气热电联产的实施。在目前还没有大型国产燃气轮机的情况下，应先选择条件成熟的若干区域进行试点。郑利娟等（2007）利用灰色系统理论，构建了热电联产、燃煤区域锅炉房、燃气区域锅炉房、分散式燃气锅炉房、低温核供热、热泵供热六种供热方式，包括总费用年值、污染物排放量、技术完善程度 3 个评价指标的灰色决策方法，为供热模式的优选提供了一种新的量化方法。郑忠海等（2009）利用层次分析法，从能耗、经济和环境 3 个指标准则层，建立了包括能源转换效率、初投资和运行费用（包括集中热源、高温管网、换热站、室内外管网和末端散热设备，燃料费用、动力用电费用、水费（管网）、管理费用和设备维修费用），以及烟尘、二氧化硫、氮氧化物和二氧化碳的综合评价模型，对我国 28 种常见供热方式进行综合评价发现，燃气是在昂贵成本代价下实现环境优越性的；而从能源效率评分来看，联产方式具有较大优势。宋毅超（2013）认为不同供热方式主要在经济效益和环境效益有较大差异，而社会效益上差距甚微，并通过引入层次分析法对热电联产、燃煤锅炉房、燃气锅炉房三种方案进行了综合效益评价，确定最优方案。其主要评价的指标包括经济效益的初始投资费、运行费以及环境效益的烟尘、二氧化硫、氮氧化物和二氧化碳排放及能耗。根据西咸新区实际情况，最佳方案应为燃煤锅炉房供热系统，其次是燃气锅炉房供热系统，再次是热电厂供热系统。伊若璇（2014）认为仅分析供冷系统能耗不能全面体现整个系统的能耗特性，而且冷、热、电三种能量的品位是不同的，忽略能量品位的分析方法也存在一定的不合理性，要揭示系统能源利用的完善程度应选择基于热力学第二定律的㶲分析方法。因此，首先从制冷系统能耗和系统㶲效率的角度比较基于汽轮机、燃气轮机和燃气蒸汽联合循环机组的三种区域冷热电联产系统方案的性能，然后从吸收式制冷系统能耗和系统㶲效率的角度对各方案进行分析比较，从而确定工业园区的区域供能方案。朱琳（2014）结合鲁北热电厂建设实际情况以及经济发展规划情况，建立模糊层次分析模型，对鲁北电厂的经济效益进行综合评价。通过对项目运营的盈利能力、偿债能力、营运能力、发展能力四大方面分析，选取有代表性的关联指标，包括内部收益率、净现值、销售利润率、资产负债率、流动比率、速动比率、总资产周转率、流动资产周转率、利润增长率、净资产增长率等 10 个参数，建立了鲁北热电厂财务效益综合评价指标体系。刘可以（2015）运用系统工程学、经济学等理论原理，通过细化全面涵盖供热方式的能量（energy）、经济（economic）、环境（environment）以及全局经济指标（entirety economic）四个维度，建立了一种综合反映区域供热热源特性的评价方法——"4E"评价体系，包括能效方面的能源利用效率、一次能源效率、能源转换效率；经济成本方面的影子价格、费用年值、增量投资回收期；环境排放方面的能源排放因子、污染物排放量（CO_2、CO、SO_2、C_nH_m、NO_x）；全局经济总成本（在考虑了环境价值的前提下，相对于常规的单纯的经济分析来说，加入了污染物的环境价值的概念）：污染物的环境价值、CDM 机制收益、政策补助、全局费用年值，为选择优化方案提供科学依据。张凤霞等（2016）分别从能耗、污染物排放量、经济性等方面，对燃煤热电联供集中供热、燃煤锅炉房集中供热、燃气锅炉房分散供热、燃气壁挂炉分户供热、蓄热式电锅炉分散供热、电驱动空气源热泵分散供热、电热膜分户供热等 7 种供热方式进行比较，主要比较指标包括能耗方面的单位供热面积年标准煤耗量、一次能源利用率；污染物排放方面的单位供热面积烟尘年排放量、单位供热面积二氧化硫年排放量、单位供热面积氮氧化物年排放量；经济性方面的单位供热面积建设造价、年运行费用。刘文旭（2017）总结出现有的供热系统运行指标大致可分为以下三类：一是反映社会效益的运行指标，包括运行可靠率、故障处理时间、用户室温达标率、用户满意度；二是反映环境效益的运行指标，包括锅炉的烟气浓度和黑度、二氧化硫的排放浓度、设备的噪声值、污水排放值；三是反映供热系统节能的运行指标，包括锅炉平均运行效率、循环流量控制指标、水泵运行效率、耗煤（电、水）量指标、管网输送效率、补水率指标、水质综合达标率等。但是上述众多指标普遍存在评价标准单一，没有全盘考虑供热系统运行的指标。因此，需要建立综合运行指标来评价供热系统的节能水平，主要包括锅炉房综合效率、供热系统综合运行效率。

相比以往较多的研究集中供热技术方面的论证或者财务指标可行性分析，

郭晓颖（2014）建立了更为全面的评价指标体系，包括技术可行性指标、经济指标、对区域和宏观经济的影响指标、风险指标及可持续指标等五大方面。其中，技术可行性指标包括热负荷条件（存量热负荷、规划热负荷、热负荷参数）、热源点和管网布置条件（热源点布置、供热半价、管道走廊）、能耗指标（发电煤耗、供热煤耗、供热管损）、安装运行维护（安装可行性、运行可靠性、维护经济性），经济指标包括时间性指标（静态投资回收期、动态投资回收期、贷款偿还期）、价值性指标（净现值、净年值、净终值）、静态比率性指标（投资收益率、资本金净利率、资产负债率、流动比率、速动比率），对区域和宏观经济的影响指标包括动态比率性指标（净现值率、内部收益率、外部收益率）、节约用地指标、节能指标、节水指标、减少耗煤量、减少污染气体排放量、减少噪音污染，风险指标包括政策风险、宏观经济形势、资源风险、社会认识度，可持续指标包括政府政策因素、技术因素、环境和生态因素、组织管理因素、财务经济因素、社会文化因素评价。赵娟等（2015）对燃煤锅炉、燃气锅炉、水煤浆锅炉和新型煤粉锅炉在能源供应、经济性（建设成本和运行成本）、节能性（热效率和燃尽率）和环保性（烟尘、二氧化硫和氮氧化合物）四方面进行分析比较，得出四种常用热源在以上四个方面存在的优势和不足，进行综合比较，从而选出 1～2 种最适合本地区可持续发展的供热热源，为兰州地区的热源选择提供依据。刘娇娇（2016）选取住宅、商场、医院、学校和工业厂房五种不同类型建筑，根据各类建筑现有可利用热源情况对每类建筑选取了 4～6 种供暖方式，采用模糊综合评价法从经济性、环保性、节能性和能源技术性四个方面进行综合评价，为每类建筑选出最优供暖热源。其中，经济优度指标为初投资、运行费用；环境优度指标为烟尘、二氧化硫、氮氧化物、二氧化碳；节能指标为一次能源利用率；能源技术导向指标为技术先进性、系统安全性、供热收费、心理影响。张广宇（2016）注重发电项目投资本身的投入产出效率，并不是研究整个能源链的经济性，所以外部成本中主要考量的是污染物排放产生的环境成本。利用 DEA 超效率模型对数据进行计算，对天然气热电联产、核电、超超临界脱硫燃煤机组、超临界脱硫燃煤机组、风电、光伏等各种发电类型的投入产出效率进行排序。内部成本包括两部分：建设投资由主辅生产工程费用、单项工程费用、编制年价差、其他费用、特殊费用和动态费用等构成；发电项目电力和热力生产成本具体包括燃料成本、用水费、材料费、工资及福利费、折旧费、摊销费、修理费、排污费用、其他费用及保险费等及各种污染物减排的环境价值。对应的产出指标包括环境效益、生态效益、技术效益、安全生产效益、运行可靠性效益、建设周期效益、调峰能力等。

在供热方式技术、经济、环境、社会效益的综合指标体系方面，皇甫艺等（2005）以上海地区一幢典型五层住宅建筑的冷热电联产方案为例，综合采用了层次分析法及模糊数学和灰色关联原理，建立了全面覆盖经济、环境、社会、性能、噪声五大方面，包括初投资、投资回收期、总费用年值、净现值、氮氧化物、一氧化碳、二氧化碳、技术先进性、安全性、维护方便性、一次能耗率、噪声等 12 个指标的冷热电联产可持续水平的综合评价模型，对热气机 + 直燃型吸收式冷热水机组、微型燃气轮机 + 余热补燃吸收式冷热水机组 + 余热锅炉、小型天然气内燃机 + 余热补燃型吸收式制冷机、固体电解质型燃料电池 + 余热补燃型吸收式制冷机、热电分供五种供热方案进行了综合评价，提高了优选方案的准确性。范茂水等（2007）在经济、环境、社会效益的基础上，还增加了安全保障和土地利用两个方面，通过热效率、二氧化硫、二氧化碳和烟尘、安全隐患、缓解用电紧张、方便居民生活、场地置换、缓解老工业区用地紧张等方面指标，综合评价了热电联产集中供热、锅炉房集中供热和单体锅炉分散供热的优缺点。张沈生（2009）在一致性、完备性、简捷性、客观性、可比性、有效性、非相容性原则的基础上，综合考虑目前的客观实际以及供热模式评价时相关数据的获取等因素建立了城市供热模式评价指标体系，包括经济效益、生态效益、社会效益和人文环境效益四大方面，共有初始投资费用、运行费用、大修理费用、使用寿命、有害气体和粉尘排放量、单位面积能耗、效率、收费纠纷率、安全程度、舒适保健性、温度可调性、时间可调性、占用空间情况、维修便捷程度等 14 个指标。李丽等（2013）应用模糊数学方法，对热电联产、燃油锅炉采暖、燃气锅炉采暖、燃煤锅炉采暖、太阳能热泵系统采暖、土壤源热泵采暖（地下埋管）、水源热泵采暖（深井水）等供热方式，建立了包括经济的总费用年值，环境的烟尘、二氧化硫、氮氧化物和二氧化碳排放以及能源技术导向的技术先进性、心理影响、供热收费等指标的城市供热模式可持续性综合评价指标体系，以达到供热方案选择经济效益、环境效益、社会效益综合满意的目标。刘枫等（2013）从能源利用率、经济性及可持续性三个方面的热效率、㶲效率、二氧化碳、二氧化硫、氮氧化物排放量、运输总量、建设用地及用水量等 8 个指标，对燃煤热电联产热源供热、燃气热源供热、燃煤热水锅炉房热源供热、利用电厂冷却水余热供热、水源热泵供热五种典型集中供热热源的配置模式分别作了评价分析，为供热企业及相关部门在编制城市供热规划时对选择何种供热热源提供可操作性依据，在供热热源选择方面更具科学性、前瞻性，做得更全面、合理、经济、环保、节能。秦楚林（2016）指出虽然热电联产系统有一系列的优势，但是它的使用还是需要考虑许多因素。第一是热负荷的大小，如果热负荷较低，那么热电厂在经济方面的效益就会大打折扣。同时热负荷不能太过分散，虽然热电联产具有相对较大的供热半径和供热范围，但是热量的输送长度也不能过长，如果热负荷距热源过远，那么热网的投资会大幅度地增加，最终影响项目的经济效益。第二是一次性大量投资的可行性。热电厂虽然在运行时供热的成本较低，但是热电厂还需要向外界提供电量，在供热负荷比较大时，就需要较大装机容量的热电厂，初投资也会相应地较大。第三是热电厂总的燃料消耗量和灰渣产生量都比较大，煤和灰渣的储存会导致占地面积的增大，同时运输问题也需要相应的措施。张健等（2017）采用层次分析法，建立集中供热系统综合评价体系，涵盖系统的经济效益、社会效益、节能效益、环境效益，对热电联产供热系统与热泵供热系统进行综合评价。其中，经济性评价指标选取初投资与运行费用等两个最为直观的经济影响指标；社会效益指标采用供热满意度、供热可靠性等体现供热系统社会影响的评价指标；节能效益主要体现在系统能耗及系统综合效率上；技术成熟度在一定程度上能够影响系统能耗；环境效益指标则包含空气影响评价指标与地下环境影响评价。万丹（2017）根据调查问卷校验和分析，最终遴选出技术性、经济性、环保性三个方面的 15 个有效指标，建立了集中供热锅炉系统方案比选指标体系和专家打分原始数据统计表。其中，技术性指标是工艺成熟性、供热效率、机组煤耗、施工安全性、运行稳定性、机组耐久性、技术实用性；经济性指标是前期投资、运行成本、财务风险、维护成本；环保性指标是除尘效率、脱硫率、脱硝率、灰渣处理。采用层次分析法进行指标权重的计算，可得出各个方案的综合权重，从而初步确定最佳方案，然后通过回归分析最终确立最佳方案。

第三节　供热方式选择结果与评价方法述评

我国供热方式正从传统的分散小锅炉、区域锅炉房转向与热电联产、分布式能源、多热源联网供热等新技术并存，燃料品种也已由最初使用煤炭、燃料油发展到与天然气、生物质以及地热、光伏等清洁能源综合应用，成为提高能源利用效率、优化能源结构和防治大气污染的重要途径。但是，由于不同供热方式的技术经济和节能环保效益存在明显差异，综合评价供热方式的效益非常重要。

传统的供热方式评价根据专家知识经验评判，人为因素干扰大，缺乏定量分析。数学评价方法有效解决了以上问题，是当前蓬勃发展的定量评价方法，该方法通过选取评价指标，结合科学计算方法将指标量化，综合评价供热方式的常用方法包括层次分析法、模糊综合评价法、灰色关联法、数据包络分析法等和以上多种方法综合的混合方法。供热方式评价内容则已经形成技术经济评价成熟发展、环境和社会评价初步探讨的格局。随着社会经济的发展和环保要求的不断提高，经济评价指标选择从直接影响技术经济的熵效率、投资总费用、单位投资、投资利润率、净现值等到㶲效率、热电比、环境成本、燃料价格、电价、热价等不断全面；环境评价指标从仅考虑烟尘、二氧化硫、氮氧化物指标不断加入二氧化碳、PM10 等废气指标，并综合废物利用率和一次能耗率、节能比等节能指标；社会指标则不断加入安全性、可靠性、电力需求、对经济和就业的拉动等指标。

一、供热方式选择的主要评价结果

徐士鸣等（1998）指出从热电联产系统机组型式选择的热力学准则可知，在热电联产系统中，选用背压供热发电机组是最佳方案。但必须指出，选用背压供热发电机组是有条件的。一方面它要求"以热定电"，选用背压供热发电机组的热电联产系统不是以发电为主要目的。另一方面它要求有比较稳定的用热负荷。对于那些以发电为主要目的的联产系统，或供热量虽大但供热量变化频繁、供热峰值波动较大的联产系统，则必须考虑选用可调抽汽供热发电机组。蔡龙俊等（2005）认为对于综合性的工业园区内，燃气热电联产的供热方式与燃气锅炉分散供热的方式相比，在能源利用、供热成本等方面具有一定的优势。在各类燃气热电联产模式中，采用背压式燃气联合循环热电联产的供热模式较优，其供热成本的变化（由于上网电价变化，天然气价格变化）最小。因此工业园区应优先考虑这种供热方式。范茂水等（2007）认为，从综合效益上看，采用热电联产集中供热，不仅可以解决企业热力供应，还能通过发电解决当前用电供需紧张的矛盾。但是占地面积大，建设成本高，适合于大型工业园区。特别是面积大、企业众多、园区规划成块状的工业区，更适合实行热电联产集中供热。呈不规则的带状分布的工业区，甚至混杂着部分村庄或居民区的工业区，应该采用锅炉房集中供热。如果采用热电联产集中供热，一是无法解决用地问题，二是管网铺设规模大、热力损失大，三是企业规模小、用气不稳定、难以全部消纳热电厂蒸汽。而采用锅炉房集中供热，则投资较低、占地面积小、能耗小、费用低，很适宜小型工业区。而单体锅炉分散供热，在集中供热不发达的时期确有其方便处，也是必需的，但其效率低、污染严重、供热质量差等缺点也极为突出。沈健等（2014）发现温州市的工业区规模普遍偏小，部分工业区呈不规则的带状分布，工业区内企业规模小，用气不稳定，考虑到投资成本、占地面积、能耗情况等方面，结合集中供热的特点，该地区的集中供热模式采用锅炉房集中供热为宜。

郑忠海等（2009）认为从能耗评分和经济评分看，楼宇三联供（蓄热）大于燃煤热电联产区域三联供，大于燃气热电联产，因此，燃气是在昂贵成本代价下实现环境优越性的。汪海波（2013）综合比较几种集中供热方式指出，燃油锅炉供热成本最高，其主要原因是燃油价格较高；燃气锅炉供热成本较高，但其对环境污染较小，面对持续上升的天然气价格和日益短缺的资源，其应用范围逐渐受到限制；燃煤锅炉的供热成本较小，但其对环境的影响较为严重；热电联产的供热成本是最低的，而且其污染物排放量与燃油锅炉系统相当；太阳能热泵供热系统供热成本远高于燃煤、燃油、燃气锅炉系统和热电联产。目前根据我国国情和综合能效、经济和环境三方面因素，热电联产集中供热方式仍是值得大力发展的供热方案。宋毅超（2013）认为由于经济和环境两种不同性质指标无法直接进行定量的比较，因此引入层次分析法对各个方案进行综合评价，通过求出综合效益评价值指出，对于西咸新区某园区，集中供热最优方案为燃煤锅炉房集中供热，其次为燃气锅炉房集中供热，再次为热电厂集中供热。

赵娟等（2015）认为综合比较来看，不论从经济性、节能性还是环保性方面，新型煤粉锅炉表现出了明显的优势，其次是天然气锅炉，这两种热源形式是目前最适合兰州市发展的，建议大力推广使用。张凤霞等（2016）指出除因地制宜优先发展可再生能源、工业余热供热外，应坚持发展满足超低排放的燃煤热电联供集中供热。天然气供热宜采用燃气壁挂炉分户供热。对于电供热方式，由于电驱动空气源热泵制热性能系数较高，可在气候适宜地区积极推广。由于现阶段电力获取途径以燃烧化石类燃料为主，一次能源利用率较低的蓄热式电锅炉分散供热、电热膜分户供热应适度发展。刘娇娇（2016）对华北地区某县城采暖的供热方式综合评价研究指出：①在无热电联产集中供暖，有水源可以利用的情况下，应优先选择水源热泵为热源，如没有水源，室外有足够的空地可利用时，可采用土壤源热泵为热源，如上述两种条件都不具备，建筑面积又不是很大时，可选用空气源热泵；与前三者相比，受到所选地区电价和天然气价格的影响，电驱动的热泵类热源设备要优于燃气驱动类热源设备。在所选的地区天然气和油品价格条件下，燃气锅炉优于燃油锅炉，也优于燃气热泵。②无热电联产集中供暖条件下，对于所选综合型园区来说，热源优劣排序为区域燃煤锅炉房＞分散供暖＞区域燃气锅炉房＞区域燃油锅炉房。③在对综合型园区进行热源选择时，由于燃料价格在进行评价过程中起到了较大的影响作用。张书华等（2018）提出采用集中供热为主（优先采用工业余热作为热源）、分布式能源供热为辅的多能互补供热模式，弥补了单纯集中供热系统的缺点，且充分发挥了分布式能源的优势。特别是太阳能供热系统及空气能（源）热泵供热系统，更是纯净的分布式新能源。所以优先利用分布式能源及工业余热的多能互补供热系统，比单独的集中式供热或者分布式能源供热系统具有明显优势。包小龙（2018）认为根据江西省及南昌市环境保护要求，小蓝经济开发区采用天然气实施热电联产集中供热较为理想，但江西省的天然气大部分依靠外省输送，存在供不应求、气价较高等问题。根据南昌市发布高污染燃料禁燃区管理办法，小蓝经济开发区不属于禁燃范围。目前在煤炭的清洁利用技术下，烟气、二氧化硫、氮氧化物、粉尘排放均能达到天然气排放标准。蒸汽价格优于天然气锅炉，可降低各企业生产成本，提高市场竞争力；拓宽园区招商引资范围，提升园区招商引资实力。综上所述，燃煤热电联产集中供热项目在天然气资源较为匮乏地区应得到大力推广。

二、供热方式选择的综合评价方法述评

从宏观上来看，国家对热源的选择有一系列指导方针，如节约能源、保护环境、提高生活质量、缓和电力紧张等。但对某个具体城市、某个时期而言，合理选择热源形式来实施城市集中供热，达到既节能又经济的效果，并且兼顾环境效益和社会效益，是一个非常重要的课题，也是一项非常困难的工作。

黄甫乙等（2005）认为目前多数的工程评价方法仅仅考虑经济性。在可持续发展的要求下，需要综合考虑工程的多方面属性。任何冷热电联产方式都具有多重属性，除了反映系统的经济性、性能参数等定量指标外，还有反映系统对环境的污染程度、维护性能及舒适性等指标。目前我国把环境保护和可持续发展列入国家发展目标的重中之重，因此过分强调系统的经济性而忽视环境、节能要求的评价方法已不能适应社会发展的需要，必须改进。郑忠海等（2009）指出利用层次分析法对供热方式进行评价，综合了能源、经济和环境三方面，并引入 ECC 评价指标，考虑了对各种供热方式之间的比较，相对于纯粹的单层次或直观判断更加科学、合理和全面。但是，该评价方法尚没有全面考虑能源政策、地域差异、技术成熟度、资源可及性、峰谷差动态特性以及冷热电负荷需求等因素，适用范围有一定局限。张沈生（2009）在总结回顾城市供热评价指标体系和评价方法研究的基础上提出，评价理论与方法在供热应用中至今尚未形成较为系统和完整的评价体系，突出表现为评价指标体系不能很好地体现供热方式综合评价的特点需求，评价方法过于求新和复杂化，导致评价方法选用不当，与实际应用之间存在一定的差距。刘建明（2013）认为热电联产机组装机方案的选择是一个很复杂的问题，受多种因素的制约，应根据当地经济条件以及实际热负荷选择合适的机组供热方案。各种方案的出发点都不尽相同，为了供热面积的最大化，"二拖一"方案比较合适。当供热负荷不是很充足时，可以根据实际情况先考虑建设一台，当然还要考虑电网的需求等。王司春（2015）从热电联产项目的机组容量和热负荷规模的关系以及项目核准管理的角度指出，工业园区新建项目，虽然是按照"统一规划、以热定电"的原则进行筹建，但在实际操作中，工业园区热负荷是缓慢增长的，而热电联产项目建设规模又要适度超前，一滞后一超前，使热电联产项目在生产初期出现容量大量剩余。而且投产初

期热负荷昼夜波动较大，调峰压力大，锅炉无法保证正常运行。另外，背压机是很难调峰的，而地方政府只有背压机组的核准权限，抽凝式燃煤热电项目由省级政府在国家依据总量控制制定的建设规划内核准，这些调峰抽凝机组容量一般都较小，也基本不在总量控制制定的建设规划内，所以获得批复的可能性很小。无调峰机组，届时锅炉只能对空排汽以维护运行。因此，背压与抽凝机组的配置失调，不能因地制宜地确定机组选型和规模仍是困扰投资业的主要原因之一。刘可以（2015）指出虽然目前对于宏观能源规划的研究展开较多，但对于区域供热等专项规划中，考虑能源、经济、环境三者之间的关系，大多局限于个别的能源方案，缺乏统一的计算体系，难以为决策者的进一步分析提供有力的理论依据；对于能源评价模型方面，许多评价方案给出了"3E"的综合评价指标，而单项指标以及彼此之间的耦合作用和内在关系的分析不够深入，难以支撑决策者在某一方面的考量；另外，在供热专项规划方面，缺乏统一的计算软件平台，难以实现高效率实施。方桂平（2019）指出，2016年3月国家发展改革委发布《热电联产管理办法》后，福建省规划的热电联产项目均严格按照只配备背压机组的机组选型原则，但机组规划思路还存在集中式、大机组的惯性思维，有些项目规划的机组按照锅炉容量相同、机组容量一致的方式设计成"四炉三机"或"三炉二机"，与工业热负荷初期较小、波动较大，逐步发展的实际情况不相符，造成项目投产后机组运行灵活性不好，"大马拉小车"或"小马拉大车"的现象造成运行经济性降低。

综合前述文献分析，当前研究主要集中在讨论供热方式的单个项目技术方式，先后提出了一些零散的工业园区供热发展的技术指标和实际项目优化方案。但是，很少针对一个全省范围的实际情况摸查和深入研究，缺乏全面对应各类工业园区、不同供热方式的各项技术指标的一手数据资料，没有对全省范围内各类工业园区、不同供热方式的技术指标和集成优化方法的系统性研究，更没有研究制定和规范省级层面工业园区供热方式选择的技术指标体系、关键指标标准和技术集成优化方法，导致工业园区供热发展中缺乏一套可供政府部门指导管理、用热企业和能源电力企业参照投资、能源行业者通用的技术规范和行业指南。具体表现为：①研究背景方面大多是对项目运行的阶段性总结，或者对不同供热方式综合评价后的理论性归纳为主，针对直接应用于区域大气污染防治、建设国家低碳试点省、建设生态文明示范省等政策性指导工作的较少。②研究对象上以罗列诸多的单一供热方式的应用对象为主，综合评价各种单一的供热技术方式为主，没有全面覆盖各类产业类型的工业园区及综合考虑国际先进主流供热方式。③供热方式的评价指标数据来源通常以实验测试、个别项目规划调研和运行数据为主，很少开展专门针对全省各个地市、各种产业类型的多个工业园区供热方式的系统性研究，以及通过实地调研收集摸查一手数据资料建立覆盖全省所有工业园区供热方式的技术经济指标数据库。④研究内容上主要是针对单一的工业园区或燃料、特定的供热方式或特定机型的评价分析，缺乏综合考虑不同工业园区用热需求和供热方式供给层面的横向评价之间的衔接，主要是评价供热方式的技术经济水平，制定个别项目的建设方案，而较少立足工业园区供热方式选择的技术指标体系、关键指标标准和技术方式优化方法，并结合实际案例综合评价证实工业园区供热方式选择的综合评价指标体系、标准和集成优化方法的合理性、可行性，最后建立可供全省不同地区、各类工业园区集成优化供热技术方式的关键性指标体系和技术方法，有效解决工业园区供热方式集成优化的技术难题。

第二章　国内外供热方式发展历程与经验启示

第一节　我国供热方式发展概况

一、我国供热方式发展历程

我国热电联产集中供热始于 20 世纪 50 年代，快速发展于 80 年代。根据王振铭（2003）的划分，从 1953—1967 年期间，正是我国大规模经济建设初期，也是各地电网发展初期，以工业热负荷为主，民用采暖热负荷很少，绝大多数热电厂选择抽汽机组，以保证工业为主的供汽供电。这一时期新投产 6 兆瓦及以上的供热机组容量占火电机组总容量的 20%，居世界第 2 位。在 1971—1975 年期间，由于工业布局分散，没有中长期的工业建设和城市规划，因而制订热电厂的发展规划没有基础，只能在短期计划中做些安排。后期国民经济恢复发展较快，热电厂建设开始增加，投产供热机组 975 兆瓦，占新增火电装机 6.8%，但公用的供热机组只占 23%，该阶段自备热电厂的比重增大。1981—1997 年期间，国家发改委、建设部和国家环保总局等部委将优先发展热电联产集中供热作为产业政策确定下来，并陆续在 1998 年印发《关于发展热电联产的若干规定》、2000 年印发《关于发展热电联产的规定》，明确指出"以小型燃气发电机组和余热锅炉等设备组成的小型热电联产系统，在有条件的地区应逐步推广"。至 1999 年底，国内单机容量超过 6 兆瓦的热电联产系统共 1402 个，多以燃煤锅炉和汽轮机为原动机。到 2005 年底，热电联产装机容量进一步增长到 69.8 吉瓦，2001—2005 年期间年均增长速度为 18.5%。热电联产占火电装机容量的比重不断提高，由 1990 年 11.3% 增长到 2000 年的 13.3%，2005 年提高到 17.8%。

经过 60 多年来经验积累，我国已形成一条中国式的热电联产发展道路：①以前热电厂的建设主要是在已有的工业区内搞热电联产，代替目前分散运行的小锅炉，因而热负荷比较容易落实，资金易于筹集，建成后能较快地形成供热能力，发挥出较好的经济效益。改革开放各省市都建设一批开发区，为统一解决入驻企业供电供热问题，各开发区都将热电厂作为开发区招商引资的基础设施，因而又促进热电联产的新发展。②热电厂建设强调要服从城市总体规划和城市热力规划，并明确没有城市热力规划的热电项目不予审批，因而现在很多城市和县镇均编制有热力规划。将热电建设纳入长期发展计划。③热电建设中以区域热电厂为主，也发展一个企业为主兼供周围企业的联片供热的热电厂和企业自备热电厂，以发挥各自的优越性。④热电厂的建设已由电力部门独家建设，发展为电力部门、地方政府和各部门企业共同建设的兴旺发达局面。⑤中华人民共和国成立初期甚至成立前建设的中低压凝汽电厂，随着城市的发展已处于城市的中心地带，且机组老旧、煤耗高，因此纷纷改建为热电厂向城市供热，使老电厂恢复了生机。⑥随着城市供热规模的扩大，开始采用高参数大容量机组，在热电联产集中供热中发挥巨大作用。康艳兵等（2008）指出2001—2005年，我国的终端热力消费量增长约50%，占全国终端能源消费量的5%左右。热力消费量快速增长的主要来源是工业部门和建筑供热部门。工业企业是最大的热用户，工业生产（包括化工、造纸、制药、纺织和有色金属冶炼等）过程需要以热为基本的能源。⑦一些地区由于乡镇工业的发展，形势需要统一解决电和热的供应问题，因而一些县、镇形成建设热电的高潮。⑧燃气－蒸汽联合循环热电厂和小型分布式能源站实现热电冷联产加快发展。

近年来，我国不断制定集中供热相关政策，推进集中供热健康有序发展。2006年国家发改委编制了《2010年热电联产发展规划及2020年远景目标》，提出"在具备条件的地区建设采暖期供热，夏季作为高峰电源使用的天然气电厂，并积极发展采用各种新技术的小型天然气热电冷三联产等独立供能系统"。2007年国家发改委出台了《天然气利用政策》，在天然气利用顺序上，分布式热电联产、热电冷联产用户属于优先类。2010年4月国家能源局下发了《关于发展天然气分布式能源的指导意见（征求意见稿）》，重点在能源负荷中心建设楼宇天然气分布式能源系统和工业自备天然气分布式能源系统，目标到2020年全国规模以上城市分布式能源系统的装机规模达到50 000兆瓦。2010年8月住房城乡建设部发布了《燃气冷热电三联供工程技术规程》，为燃气冷热电三联供系统工程的建设和管理提供了技术依据。同月，国家电网公司制定了《分布式电源接入电网技术规定》，从技术层面为分布式发电接入电网扫清了障碍。2012 年 7 月，国家发改委发布了《关于下达首批国家天然气分布式能源示范项目的通知》，我国首批天然气分布式能源示范项目共四个，分别是华电集团泰州医药城楼宇型分布式能源站工程、中海油天津研发产业基地分布式能源项目、北京燃气中国石油科技创新基地能源中心项目和华电集团湖北武汉创意天地分布式能源站项目。2013 年 7 月，国家发改委发布了《分布式发电管理暂行办法》，通过资金补贴、多余电能向电网出售、赋予投资方电网设施产权等措施大力刺激分布式能源发展。2016 年国家发改委印发《热电联产管理办法》，明确了规划建设热电联产项目应遵循的主要原则：一是应遵循"统一规划、以热定电、立足存量、结构优化、提高能效、环保优先"的基本原则。二是应以集中供热为基础，以热电联产规划为必要条件，以优先利用已有热源且最大限度地发挥其供热能力为前提，统筹协调城市或工业园区的总体规划、供热规划、环境治理规划和电力规划等，综合考虑电力、热力需求和当地气候、资源、环境条件，科学合理确定热负荷和供热方式。三是充分发挥热电联产集中节能环保优势，充分挖掘热电机组的最大供热能力、能源综合利用效率。四是热电联产机组选型应符合"以最小装机容量满足供热需求"的原则，优先采用背压式热电机组，严格控制规划建设大型燃煤抽凝式热电机组。五是热电联产项目规划建设应与燃煤锅炉治理以及落后的热电机组替代关停同步推进。

　　总体来看，我国城市和工业园区供热已基本形成以燃煤热电联产和大型锅炉房集中供热为主、分散燃煤锅炉和其他清洁（或可再生）能源供热为辅的供热格局。随着城市和工业园区经济发展，热力需求不断增加，热电联产集中供热稳步发展，总装机容量不断增长，截至 2014 年底热电联产机组容量在火电装机容量中的比例达 30% 左右，装机容量及增速均已处于世界领先水平。但是，当前我国热电联产发展也正面临严峻挑战：一是供暖平均能耗高、污染重，热电联产在各类热源中占比低，热电机组供热能力未充分发挥。二是用电增长乏力，用热需求持续增加，大型抽凝热电联产发展方式受限。三是大型抽凝热电比例过大，影响供电供热安全，不利于清洁能源消纳和城市环境进一步改善。四是背压热电占比低，运行效益较差，企业投资积极性不高。

　　当前，国内发达的沿海及中部大中型城市已经开始推广天然气冷热电联产系统，如广州大学城、上海浦东机场、上海理工大学、北京中关村软件园、北京燃气集团生产指挥调度中心大楼、中石油创新基地能源中心、湖南长沙黄花机场等。2016 年，全国天然气分布式发电累计装机容量为 1200 万千瓦，不到全国总装机容量的 2%，虽然在推广应用天然气分布式能源发展方面取得了一定的经济、社会和环保效益，但部分项目因并网、效益或技术等问题处于经营困难甚至停顿状态，主要面临四个问题：一是我国天然气价格较高，导致天然气分布式能源发电成本是普通燃煤电站的 2～3 倍，竞争力较差，在电价没有完全理顺的情况下，很多分布式能源项目经济效益得不到保证，规划项目开工率较低，制约分布式能源发展。随着天然气价格下调，分布式能源盈利性将得到提升。二是我国在天然气分布式能源的项目管理、产业规划、优惠扶持政策、技术标准规范等方面还不完善。具体扶持政策有待地方政府进一步落实，实施力度取决于地方的财政能力和用户承受能力。但到目前为止，仅有少数省市针对天然气分布式能源出台了实质性的鼓励政策，且支持力度有限。三是天然气分布式能源向用户进行直供仍然有法律制约。国家电网公司虽然于 2010 年出台了《分布式电源接入电网技术规定》，但对天然气分布式能源项目并网缺乏执行力，尚无配套和落实措施，分布式能源并网上网存在不确定性。四是我国对燃气发电机组的基础研究力量不足，研发制造滞后于市场需求，目前 90% 以上机组都需要从国外引进。虽然我国企业与美国通用电气公司（GE）等国外燃气轮机制造商合作，但燃气轮机部件和联合循环运行控制等核心技术外方并未转让，导致项目总投资难以下降。此外燃气轮机等核心设备的运营维护成本居高不下，可能影响未来天然气分布式能源的大规模发展。

二、我国供热方式技术演变

综合考虑供热技术与信息技术的进步，方修睦等（2016）将供热方式发展演变划分为四个阶段（表 2 - 1）。当前，我国供热方式发展的物理网络配置大多达到第 2 代要求，少数达到第 3 代要求。但是，自动化和信息化水平较低，大多还没有达到第 2 代水平，少数达到第 3 代水平。刘兰斌等（2018）认为当前集中供热由于缺乏对系统真实状况的了解，现有供热自控系统效果有限，供热能耗仍然偏高；同时集中供热一定程度上粗放运行管理加剧了能耗的浪费。指出全面信息化是实现"智慧供热"不可逾越的阶段，提出了一种基于"工业物联网"的智慧供热模式和实现方式，首先建立高效率的智能运行调度系统，即通过安装足够多的传感器，获取足够多的数据，实现系统特性辨识，达到负荷智能预测、热量智能调节、故障智能诊断和调度智能优化目标，实现系统透明；其次建立高效率的人员调度管理系统，解决信息流滞后的问题，实现管理透明。

（1）第1代供热方式以分散小锅炉房为热源，热用户与热网采用直连，由人在热源处进行集中调节。

（2）第2代供热方式由分散供热发展到更为高级的集中供热，热源为热电联产或区域锅炉房，诸多热用户与热网采用直连或间连，形成枝状供热管道网络，由热源或热力站进行独立地自动化调节，以满足热用户需求。

（3）第3代供热方式，在第2代的基础上发展了多种形式热源相互独立的组合型供热技术，供热网也由简单的枝状演变为环网，供热调节技术从供给侧向用户侧延伸，运用物联网等先进技术，形成了无人值守热力站，并在热源、热力站联合调节的同时，也有用户的独立调节。

（4）第4代供热方式的特征为多种形式的能源转换设备都连接在城市能源网上，运用智能化、云服务、大数据等信息化技术，由供热云平台依据挖掘出的数据信息进行智能化决策，热用户参与热网的运行管理，热源、热力站、热用户联合调节，在保证热用户需求的前提下，供热能耗及成本大幅度降低。

表 2-1　我国供热方式演变阶段特点

序号	要素	第1代	第2代	第3代	第4代
1	热源类型	分散小锅炉房	热电联产、区域锅炉房	热电联产、大型区域锅炉房、多种形式热源相独立	多种形式热源联网运行
2	主要燃料	煤	煤、石油	煤、天然气	煤、天然气、可再生能源等
3	热网系统	直连	枝状网、直连、间连	环网、间连＋直连	城市能源网、间连＋直连
4	调节方式	热源集中	热源、热力站独立调节	热源、热力站联合调节、用户独立调节	热源、热力站、用户联合调节
5	运行模式	人工	自动化	物联网、无人值守热力站	智能化、云服务、大数据

资料来源：方修睦、周志刚，《供热技术发展与展望》，2016。

第二节 国外供热方式发展经验

一、国外供热方式发展概况

2016 年，全球热电联产总装机容量达到 755 200 兆瓦，其中欧盟地区装机容量占比 39%，亚太地区装机容量占比 46%，欧盟是热电联产的传统市场，亚太地区是热电联产的新兴增长市场。

欧盟地区的政策是当地发展热电联产的主要激励和引导因素。2012 年欧盟《能源效率指令》（第 2012/27/EC 号）替代了此前的《热电联产指令》（第 2004/8/EC 号）。根据欧盟热电联产路线图，到 2030 年，热电联产将满足欧盟 20% 的发电和 25% 的制热需求。截至 2015 年底，欧盟地区热电联产的发电和制热量占地区总量比例分别为 11% 和 15%（最近几年欧盟热电联产的发电制热比例较为稳定）。欧盟地区热电联产装机分布主要集中在德国。天然气是主要燃料类型，2015 年天然气在热电联产燃料中的占比为 44%。近年来，欧盟地区发展热电联产的侧重点是应用可再生能源和小型分布式能源来满足分散的用户需求，同时达到最佳的经济效益和能源效率指标，欧盟地区热电联产中可再生能源占比已从 2010 年的 15% 升至 2015 年的 21%。

美国于 1978 年专门制定了《公用电力公司管理政策法案》推动加快热电联产发展，该法案的有关规定使独立电力供应商获得了很大的利润，这样就激励着独立供应商加速发展热电联产事业。截至 2016 年底，美国各种类型的热电联产项目 4395 个，总容量 85 000 兆瓦，占全美发电机组总装机 9%，发电量占美国总发电量的 12%。其中，工业园区项目 656 个，总装机 46 570 兆瓦，主要行业包括化工、石油炼化、造纸、食品、金属加工等。

德国在成功发展风电经验的基础上，以政策为导向推进智能电网和存储技术研发，通过可再生能源法支持沼气和燃料电池等分布式能源项目，极大促进了本国分布式能源的发展。截至 2016 年底，德国天然气分布式能源装机容量达到 30 000 兆瓦，其发电量占总发电量的 25%，供热量占总供热量的 14%。德国已经成为沼气分布式能源国际领跑者，建成沼气分布式能源项目接近 3 万个，总装机 2768 兆瓦，燃料电池分布式能源项目也接近 7 万个。德国的分布式能源重点用户是商业和化工企业。德国 BEI 和斯图加特大学研究表明，德国分布式能源潜力为每年发电300亿~500亿千瓦时，可以减少二氧化碳排放5400万~8000万吨，能够满足全国37%的用电。

日本发展分布式供能已有30余年，截至2015年底，日本分布式能源项目总装机容量9850兆瓦，占全国发电装机总容量的3.4%。日本分布式供能呈波浪式发展，20世纪70年代世界能源危机和90年代末期世界金融危机时期，发展速度较快。2011年"3·11"大地震以前，因为用电比用气方便，分布式供能发展滞缓。地震后，受国内电力供应紧张、分布式供能优势凸显等因素影响，日本政府重新加快建设分布式供能项目。

二、国外供热方式运营管理经验

国外热电联产根据供热需求确定机组规模大小，协调推进大、中、小机组发展。重视各种先进技术与设备、清洁低碳能源燃料在供热方式中的应用，并深入持久开展相关研究，不断提高供热方式的效率和效益。国家长期鼓励热电机组建设、推广和发展，特别是通过各种税收减免和贷款利率补贴等方式对热电事业在资金上给予扶持和保障。通过法律、法规的形式，保证热电的法律地位，明确热电发展方向，并上升至国家运转的基本国策，使之在实际运行中得到法律的有力保护。

（一）依靠技术领先优势，积极推广节能环保燃烧技术

1. 美国

面对全球气候变暖和环境污染的双重威胁，全世界都在关注清洁能源，努力减少温室气体排放。作为全球能源消耗大国，美国一直走在减少传统能源消耗，开发替代能源的道路上，从2005年8月布什总统签署能源政策法案，到2007年12月美国新能源法案正式签署成为法律，到2009年1月奥巴马提出能源新政，再到2011年3月美国政府发布《能源安全未来蓝图》，尤其是2008年美国"页岩气革命"大获成功，为美国分布式能源发电提供了稳定的清洁燃料来源。除了页岩气这一新能源被广泛应用于分布式能源外，由于可再生能源比较分散，也适宜于建设小型分布式发电装置，从2005年左右开始，美国的一些州尤其是东北部地区和加利福尼亚州，已经开始实行减少温室气体排放的计划，内华达州、南达科他州、北达科他州以及宾夕法尼亚州已经开始重视可再生能源进行分布式发电，许多州都在鼓励使用燃料电池

和垃圾填埋场和污水处理的气体。2009 年 6 月，美国众议院通过《美国清洁能源与安全法案》，进一步推进发展新能源。截至 2011 年底，美国可再生能源装机容量已占全球的 17%，分布式能源与可再生能源的结合是美国未来分布式能源的发展方向。

2. 日本

日本是一个资源极度匮乏的国家，始终将"开源、节流"作为其能源政策的两大抓手，而分布式热电联产系统则是其"节流"战略的重要技术手段之一。目前，日本热电联产市场上主要应用机型是燃气内燃机（GE）、燃气轮机（GT）和柴油机（DE），另外还有少量蒸汽轮机（ST）和燃料（FC）电池。在工业领域，柴油机（DE）数量占装机总量的 49.3%，燃气轮机容量占装机总量的 48.3%，而燃料电池由于技术尚未成熟，而且价格较昂贵，市场份额最低。

（二）应用清洁低碳燃料，因地制宜发展生物质燃料

1. 美国

美国主要采用流化床技术燃烧生物质，以木质废料为主。如通用电气公司和爱达荷能源产品公司，分别研制出了不同类型的流化床生物质锅炉，前者研发的锅炉出力达每小时 100 吨；后者研发的蒸汽锅炉和热水锅炉，其出力分别为 50 吨每小时和 36 兆瓦。

2. 芬兰

芬兰生物质热电联产已有 20 多年的历史，建于 1992 年的以木材废弃物为燃料的 Kuhmo 电厂采用了循环流化床技术，额定发电量为 4.8 兆瓦，额定供热量为 12.9 兆瓦；2002 年建成的以泥炭、木片为燃料的 Kokkola 电厂采用流化床技术，额定发电量为 20 兆瓦，额定供热量为 50 兆瓦；2002 年投产的 Alholmens Kraft 发电厂，其燃料以废木材、泥炭为主，其总发电量为 240 兆瓦。生物质是芬兰最大的可再生能源供应源，在 2001 年占到可再生能源的 85%。2007 年，热电联产发电已占到国内总发电量的 29%。

3. 瑞典

瑞典的 Falun Energi 生物质热电联产厂采用流化床锅炉，以树皮、木材废弃物和木片为燃料，额定发电量为 8 兆瓦，额定供热量为 22 兆瓦；Kristian-stad 生物质热电厂采用循环流化床，以木材为燃料，额定发电量为 135 兆瓦。

生物质供热发电占瑞典全国能源消费总量的 16.5%，占供热能源消费总量的 68.5%。

4. 丹麦

丹麦政府能源政策自 1986 年以来一直推广热电联产，1992 年后能源政策鼓励使用本土燃料，对生物质热电联产的示范工程给予额外补贴。丹麦以麦草和煤的比例按 3∶2 送入循环流化床中燃烧，大幅提高流化床锅炉的燃烧效率，锅炉出力达每小时 100 吨；丹麦 BWE 公司的 48 吨、75 吨及 130 吨水冷振动炉排炉技术是国际上领先的生物质燃烧发电技术，在世界范围内得到推广应用。丹麦热电联产发电量占到其年发电量的 70%，在供电、供热方面占有重要的份额。

（三）建立市场化运营机制，通过示范项目加快推广

1. 美国

美国热电联产的特点是建设供工业用热的大型热电厂和小型用户自备热电厂，不建设远距离输热管线和供热管网。在 1973 年石油危机前，美国只修建向工业供热的大型热电厂，热电厂都修建在工业用热户的附近。加利福尼亚州 Corckett 热电厂是装机容量 24 万千瓦的燃气－蒸汽联合循环热电厂，该厂唯一的热用户是邻近糖厂的工业蒸汽用户，考虑电网不用电时不能保证糖厂用汽，还专门安装了 3 台辅助锅炉。德克萨斯州 Cogenorn 热电厂是装机容量为 450 兆瓦的燃气－蒸汽联合循环热电厂，该厂唯一的热用户是邻近的联合碳化学公司的工业蒸汽用户，发电量按所签合同条件，每天保证 18 小时满负荷运行，其余时间可参加调峰。加利福尼亚 Aicpower 热电厂装机容量 103 兆瓦，该厂唯一的热用户是紧邻碱厂的工业蒸汽用户。碱厂有几台煤粉锅炉备用，以保证供热的安全可靠。1973 年石油危机后，为了减少对石油的依赖，弥补核电站建设步伐延续等因素，美国提倡余热利用热电厂和再生燃料热电厂就近供热，以达到节约能源的目的。于是造纸、化工、石油炼制加工业、建筑行业和设备生产厂家都参加建设独立发电厂，这种热电厂大都属于企业自备热电厂。

2. 德国

德国分布式能源发展形成了市场化机制。德国的分布式能源项目投资以业主/公用事业单位为主，能源服务公司为辅。工业用户的投资回报期一般为

3～4年。分布式能源银行贷款没有优惠，但政府对公用事业单位的管网改造和建设有补贴。分布式能源系统的设计通常由建筑设计单位、建筑工程公司或公用事业单位的工程部门设计，总包公司/施工单位施工安装，供应商进行机组的调试。能源服务公司可以提供用户分布式能源系统的融资/施工安装/运行管理等各种灵活操作方式。在德国设备采购没有补贴，因为政府已经提供了电价补贴和上网优惠电价。地方能源公司在有条件的区域，一般把分布式能源和区域集中供热结合起来建设。目前，四大电力公司也纷纷进入热电联产领域。E. ON 和 Vattenfall 主要把传统电厂进行热电联产改造，而 RWE、EnBW 则在工业领域开发热电联供业务。

德国分布式能源快速发展还得益于示范项目的推广。近两年，德国加大智能电网和储能技术创新和发展，并以现代信息和通信手段，将智能电网和储能技术应用于大量的微电网、节能建筑等多种分布式能源示范项目，有力推动了分布式能源的快速发展。对于示范项目建设，德国始终保持比较务实严谨的态度，无论是项目的技术方案、规划建设，还是商业模式，都体现了德国重在研究与实际、质量和效果的工作态度。基于智能电网和储能技术容的分布式能源涉及行业多、技术含量高、投入资金大，为做好一个示范项目，德国将多个行业的单位和部门组织起来，形成强有力的集投资、研发和建设管理于一体的团队，边投资、边研究、边建设，而且项目建成后直接应用于行业内装备制造等相关企业用户，最终建成的项目，在资金保障、技术创新、综合应用方面都达到了先进的管理和技术水平，展现了较好的市场推广示范效果。

（四）充分利用政策工具工作，实现多角度政策鼓励扶持

1. 美国

2001 年颁发能源法，要求电力公司必须收购热电联产的电力产品，其电价和收购电量以长期合同形式固定，并于 2001 年颁布 IEEE_P1547/D0《关于分布式电源与电力系统互联的标准草案》主要内容如下：

（1）减免税收。给予热电项目减免 10% 的投资税，减免分布式发电项目部分投资税，缩短分布式发电项目资产的折旧年限。

（2）简化程序。简化分布式发电项目经营许可证审批程序。

（3）专项基金补贴。各州政府也制定相应的优惠政策，从节能和减排两

方面给予奖励。

2. 日本

日本政府对分布式供能历来采取支持态度，支持力度也非常大。业主建设分布式供能项目，向政府提出申请就可享受政策优惠。

（1）减免税收。从法人税额里扣除相当于设备购置金额的 7%（以不超过使用年度法人税的 20% 为上限）或者特别退税，为最初年度的普通退税加上相当于项目投资总量（有详细内容规定）的 30% 的特别退税。

（2）专项基金补助。对于新建的应用天然气的项目，可得到燃气热电联产推进事业费补助；对于原来使用其他能源通过技术改造使用天然气的项目，可得到能源合理化事业支援补助；既有企事业单位采用热电联产达到节能效果的项目，可得到能源合理化事业支援补助。前两个补助由城市事业振兴中心负责核定发放，后一个由环境共创中心核定发放。这两个中心受政府委托从事这项工作。业主和政府签订 5 年协议，每年要接受政府审核。申请取得优惠政策支持的具体条件：第一种，（新建项目）针对单机 10 千瓦～10 兆瓦之间的高效分布式供能项目，其中单机在 500 千瓦以下、节能率在 10% 以上的，或者单机在 500 千瓦以上、节能率在 15% 以上的均可以享受。凡是市场营利性项目，可得到项目投资总量 1/3 的资助；凡是公益性的项目，可得到项目投资总量 1/2 的资助。但是每个项目最多不得超过 5 亿日元。2011 年政府预算为 20 亿日元。第二种，（天然气替代改造项目）以使用天然气为主，项目节能率 5% 以上，或者二氧化碳减排 25% 以上，或者虽然节约了燃料，但是其投资回收期仍然要超过 4 年的项目均可以得到支持，金额是改造项目投资总量（有详细内容规定）的 1/3，上限不超过 1.8 亿日元。2011 年预算大约 40 亿日元。第三种，（节能改造项目）以企事业单位为对象，通过节能改造，节能率达到 1% 及以上或者节能量达到 1000 千瓦以上的项目均可以得到优惠，金额为项目投资总量（有详细内容规定）的 1/3（上限为 50 亿日元）。2011 年的预算为 240 亿日元。企业申领补助金相当容易。企业提出申请后，政府会派出专家去审核一下，就办理规定手续发放。

3. 丹麦

丹麦对于分布式能源（热电联产）采取了一系列明确的鼓励政策，先后制定了《供热法》《电力供应法》和《全国天然气供应法》，以及对相关的各项进行了法律修正，在法律上明确了保护和支持立场。

（1）《电力供应法》规定，电网公司必须优先购买热电联产生产的电能，而消费者有义务优先使用热电联产生产的电能（否则将做出补偿）；1990年丹麦议会决议，1兆瓦以上燃煤燃油供热锅炉强制改造为天然气或垃圾为燃料的分布式能源项目（热电站），对此类工程的建设给予财政补贴并辅以银行信贷优惠。例如在供热小区中，对热电工程给予信贷优惠（利率2%，偿还期20年），对天然气热电站，给予30%的无息贷款，给予0.07元丹麦克朗/千瓦时的补贴。

（2）《热电改造方案》规定，8年内将热力公司的供热厂改造成为热电厂，分三批进行：4年内将大型供热厂改造为热电厂，2年内将尚未改造的以煤为燃料的大中型供热厂和以天然气为燃料的中型供热厂改造为热电厂，2年内将燃天然气的小型厂改造为热电厂。改造后所有热电厂均不得使用煤、油，要以天然气、沼气为主。

（3）《热电联产集中供热基金管理办法》规定，通过征收二氧化碳排污费成立发展热电联产集中供热基金，由当地政府统一支配，对于仍分散供热燃煤的小供热站，政府鼓励改烧天然气和沼气并给予资助，对在集中供热范围内拒不联网仍坚持分散供热的单位，按燃料耗量收取加倍的排污费。

4. 荷兰

1998年，荷兰启动了一个热电联产激励计划，制定了重点鼓励发展小型的热电机组的优惠政策。荷兰实行了能源税机制，标准为6.02欧分/千瓦时，但绿色电力可返还2欧分。荷兰颁布了新的《电力法》，赋予分布式能源（热电联产）特别的地位，使电力部门必须接受此类项目的电力，政府对其售电仅征收最低税率。由荷兰能源分配部门起草的《环境行动计划》中，电力部门将积极使用清洁高效的能源技术以承担其对环境的责任。其中分布式能源（热电联产）是最为重要的手段，将负担40%的二氧化碳减排任务。

5. 德国

随着能源危机的出现及温室气体减排压力日益增加，德国的能源方针发生了较大转变，主要是积极发展可再生能源、大力利用低碳能源。

（1）通过制定法律等措施，使分布式应用的热电联产得到了长足发展。2002年，德国制定了热电联产法，规定电网运营商必须与热电联产并网，同时以标准电价收购热电联产的上网电量。2007年德国修订热电联产法，规定电网运营商有义务接纳热电联产电厂，并且予以优先调度，原有奖励措施延伸到 2016 年，并取消了容量限制。此外，德国对于运用热电联产改造传统供热锅炉的工业企业，凡负荷率超过 70% 可免交环境保护税，并按德国《可再生能源供热法》规定，新建大楼必须使用部分可再生能源供热。若安装热电联产，可以视同可再生能源供热。德国的热电联产可以适用《可再生能源法》规定的优惠政策。其中，使用沼气的热电联产适用清洁能源补偿机制。随后，德国政府把热电联产纳入城市发展规划，继续加大发电环保税，对热电联产免税，继续通过《可再生能源法》支持沼气热电联产。

（2）制定并网技术标准，推动分布式能源项目并网上网。在德国的部分地区中压和低压配电网中，分布式能源的输出量已经超过了该地区负荷，因此会发生潮流逆向。一般情况下，在德国配网中潮流逆向是允许的。其中的测量和保护装置，都应该为双向潮流的情况下特别设计或者重新整定。在应对大规模分布式电源接入配电网方面，德国电网虽然在网架结构和规划方法上没有根本性改变，但通过安装远程测量仪器、成本分摊控制分布式能源发展速度、储能电池和飞轮配套技术的应用、分布式电源权重新分配、测量装置研发和安装等措施，可以有效保障电网的安全。此外，德国还先后制定发布了接入中、低压配电网的分布式电源并网技术标准，从法律上明确严格的并网技术标准，确保公共电网安全稳定，为分布式能源系统的市场推广扫除了技术障碍。

6. 英国

英国政府从上至下都积极支持热电联产。1998 年英国政府解除限制，购电少于 100 千瓦的用户可以直接向热电联产电厂买电，拥有与大用户相同权利。2001 年英国政府采取了一系列的政策措施，包括免除气候变化税、免除商务税，高质量的热电联产项目还有资格申请政府对采用节约能源技术项目的补贴金。从 2001 年 4 月 1 日起，工业和商业用能源要缴纳气候变化税，使电费提高 0.43 便士/千瓦时，煤和燃气费提高 0.15 便士/千瓦时，而热电联产用户将可避免对上列项目征收税款。

第三节　国外供热方式发展启示

总结回顾我国供热方式发展历程，借鉴美国、德国和日本等国际供热方式运营管理的发展经验，可以得到以下几点启示。

一是引进吸收节能高效先进技术，提升供热方式技术水平。发达国家由于能源市场化程度较高，能源市场竞争激烈，已积极应用节能高效技术。在国内能源市场化程度最高的地区之一，随着电力市场、天然气贸易市场的逐步完善，能源市场竞争也日趋激烈，对节能高效供热技术的需求十分迫切。由于我国广东已具有核能发电、抽水蓄能、LNG 接收站等国际先进技术的试点和推广经验，可发挥在对外贸易和引进的基础，积极对接并引进、吸收国际先进的供热技术。

二是积极推进燃料清洁低碳化，升级供热方式全面支撑环境质量改善。发达国家一直走在减少传统能源消耗、开发替代能源的道路上，重视燃料清洁低碳化发展。我国中东部地区生态环境压力较大，打赢蓝天保卫战实施方案已经提出 2020 年大气污染物排放总量大幅下调的指标，也明确提出了工业锅炉清洁改造、工业窑炉专项治理等攻坚任务，工业燃料的清洁低碳化需求也是十分迫切的。沿海地区区位优势独特，已具备海气、LNG 和长输管道等多路天然气气源，可发挥天然气气源丰富的优势，积极推广工业园区供热项目利用天然气等清洁低碳能源。

三是以示范试点促进推广应用，形成先进供热方式的引领带动效应。发达国家工业园区的客观环境各异，主要通过项目示范来开展同类项目的推广。我国东部发达省份工业园区众多，各园区的产业结构也差别较大，项目推广的压力较大。为加快项目的推广应用，可选取具有代表意义的各类工业园区，采用项目示范的形式，通过实际应用的总结和调整，将合适的供热方式推广到同类工业园区。

四是建立多角度政策扶持体系，强化供热方式制度保障。发达国家广泛采用立法、税收、补贴等多种形式，充分利用政策工具推动供热项目的落实。我国工业园区供热项目发展初期的经济效益普遍较差，特别是天然气热电联产和天然气分布式能源站面临着气价较高和装备进口的成本高压力，政策扶持需求十分迫切。沿海地区作为我国改革开放的前沿，地方政策的制定也具有先行先试的制度优势，可结合国家在对外开放、扩大内需、税费改革、企业减负等方面的政策倾斜，充分利用各类政策工具多角度对供热项目开展扶持。

第三章 工业园区供热方式选择的环境变化分析

目前，国内工业热力需求约占热力总需求的 70%，南北方需求没有明显的季节或地域性差异，只与应用的工业领域有关。与居民用热相比，工业供热集中度较低，以较为分散的供热形式为主。一般分布在工业园区内部或周边，经营模式包括用热企业独立经营、园区统一运营以及第三方供热等。我国工业热力供应存在生产工艺相对落后、产业结构不合理等现象，主要工业产品单位能耗平均比国际先进水平高出 30% 左右。随着产业结构转型升级，在我国大力加强大气污染防治，坚决打赢蓝天保卫战，以及推动能源生产和消费革命战略，加快调整优化能源结构驱动下，未来工业园区供热方式选择将面临良好机遇，但也存在一定的挑战。

第一节 工业园区热负荷需求多元化

随新一轮产业转型升级将优化发展一批化工、纺织、服装、家具、食品、医药、造纸等产业集聚区域，进一步推动工业园区用热负荷增长和集聚发展，这也要求改善工业园区集中供热方式，强化工业园区集中供热方式与用热需求增长及其企业用热需求多元化的匹配性。随着工业企业向工业园区集聚，热用户布局也将更为合理，改善集中供热工程的选址条件、燃料保障、管网走廊等建设条件，有利于推动集中供热建设。总体来看，工业园区供热热负荷一般包括全年工业生产热负荷、冬季空调采暖热负荷和夏季空调制冷负荷，以及工业企业运行的紧急调峰负荷。规模较大的工业园区通常都由若干不同的产业组成，常见的产业类型有石化产业、现代纺织及加工产业、造纸产业、陶瓷玻璃产业、生物医药产业、电子信息产业、紧密机械及装备制造产业等。各个产业根据行业特点存在诸多的不同用热需求。

一是年运行时间不同。受设备检修周期、产品生产销售订单情况和季节性影响等影响，各行业年运行时间差异较大。例如石油化工行业基本是全年满负荷运行，炼油行业一般 8400 小时/年，化工行业 8000 小时/年，生物医药行业 6000 小时/年，纺织行业 4000 小时/年。

二是各个行业需要的热源温度和负荷不同。一般石化企业、水泥企业需要的热负荷规模较大，供热参数高，纺织、电子行业需要的负荷及供热参数较低。

三是企业对供热的依赖程度不同。石化、化工企业供热要求稳定，不能间断，如果供热中断将影响工艺生产、产品性能，甚至发生重大的生产事故。但有些企业例如电子行业自身就是间断的，供热负荷波动对企业影响很小。

对于具体行业而言，纺织、造纸业专业园区和新建综合性园区集中供热工程的热用户仅少量属于偏中高端产业，大多属于资源密集型低端产业，产业竞争充分且激烈，产业用热量较大，用热参数处于 0.6～2.0 兆帕和 170～230 摄氏度，热价占产品成本比重处于 2%～10%，产业对热价的敏感程度普遍偏大。纺织行业的热负荷由于生产时段和季节特征明显呈现较大波动，造纸业的生产时段和季节特征相对不强而热负荷波动较小，综合性园区的热负荷则由于产业类型多样也显得相对比较平稳（表 3－1）。

表 3－1　工业园区热用户特征

序号	园区	主要产品	产业竞争程度	产业用热量	产业用热参数
1	纺织基地	中高端的纺织原料和成品	较大	较大	0.6～1.3MPa，170～210℃
2	纸业基地	中高端的新闻纸、生活用纸、工业用纸、特种纸	中	较大	0.6～2.0MPa，170～230℃
3	综合性工业园	中高端的啤酒、织染、皮革、油墨	中	中	0.6～1.0MPa，170～200℃
4	工商业集聚区	中高端的啤酒、食品	中	中	0.6～1.3MPa，170～210℃
5	油脂产业集聚区	中低端的粮油食品	较大	较大	0.6～1.3MPa，170～210℃
6	纸业产业集聚区	中低端的瓦楞纸、包装纸以及纺织原料和成品	较大	较大	0.6～2.0MPa，170～230℃

第二节　用热需求品质保障要求提高

20 世纪 80 年代是我国改革开放初期，也是以轻工业为主的工业化加快发展初期，主要是食品饮料、纺织服装、家用电器、建筑材料、低端电子信息等工业企业用热为主，由于生产企业相对分散，主要分布在工业集聚区，大型工业园区较小，工业园区用热需求规模也相对较小。工业化发展初期，地方政府和企业以追求经济总量规模为发展导向，生产工艺和产品技术水平均得到落实，对供热方式的品质要求也不高。与此同时，在改革开放政策的大力推动下，工业快速发展，电力和供热生产供应设施相对滞后，对工业用能（电力热力）的保障程度也较低，存在开三停四、拉杂限电等问题。因此，这一阶段的工业行业对用热需求重点是保障数量的可靠供应，即用热需求"饱不饱"，对价格敏感度高，用热经济性摆在突出位置。

作为世界最大的能源密集型产品生产国，我国能源消费与其经济增速及能源密集型制造业的规模密切相关。未来我国政策目标要求其本国经济结构从重工业向以服务业为重点的低能耗产业转型。随着经济转型和产业结构升级，新一代的工业园区将重点发展战略性新兴产业，包括高端新型电子信息产业、新能源汽车产业、LED 产业、生物产业、高端装备制造产业、节能环保产业、新能源产业、新材料产业等领域，具有知识技术密集、成长潜力大、综合效益好的特点，这些产业对能源的升温速度、温控精度、工艺洁净度、尾气清洁度等品质指标提出了更高的要求。随着产业高端化发展，对热、电、冷等多种能源的燃料、生产、输送、应急备用、事故处理等保障指标要求也相应提高，体现了用热发展阶段从"饱不饱"转向"好不好"的演变，关注重点将从用热成本和经济性转移到如何增加热量供给和提升供热品质上。至于供热方式的竞争性问题，未来的供热需求不仅关注经济性，更要看能否满足用热安全、便利、清洁的消费需求。工业园区主要用热行业的历史新增用能（热）需求趋势见表 3 - 2。

表3-2 工业园区新增用能需求变化

时间	新增主导产业类型	用能特点		
		需求量	品质	保障
1980 年代	食品饮料、纺织服装等轻工业	中下	中下	中下
1990 年代初	家用电器、建筑材料	中下	中下	中下
1990 年中后期	电子信息、房地产	中下	中下	中下
"十五"时期	汽车、装备工业、石油化工、钢铁	中上	中上	中上
"十一五"时期	九大工业规划：电子信息、电器机械、石油化工、纺织服装、食品饮料、建材、造纸、医药、汽车。 十大重点产业规划：汽车、钢铁、电子信息、物流、纺织、装备制造、有色金属、轻工、石化、船舶。 珠三角规划纲要：现代装备、汽车、钢铁、石化、船舶制造等先进制造业；电子信息、生物、新材料、环保、新能源、海洋等高技术产业；家用电器、纺织服装、轻工食品、建材、造纸、中药等优势传统产业	中上	中上	中上
"十二五"时期	战略性新兴产业规划：高端新型电子信息产业、新能源汽车产业、LED 产业、生物产业、高端装备制造产业、节能环保产业、新能源产业、新材料产业	中上	中上	中上

第三节　供热燃料环保约束力度加大

随着人类能源消费量的大幅增长，以及人们对环境质量的要求日益提高，能源燃烧带来的污染排放越来越受到重视，成为能源发展的重要约束。特别是以煤炭为燃料的工业小锅炉效率低、污染重，给环境保护带来严重影响。尽管电力生产环保水平不断提高，电力行业主要排放污染物逐年降低，但以煤炭为主的电源发展模式带来的雾霾成为影响大众身心健康和社会高度关注的热点问题，发展清洁能源、降低能源利用污染物排放迫在眉睫。

长期以来，我国供热热源以燃煤为主，在生产热力的过程中由于技术水平限制及监管不到位等原因，二氧化硫、氮氧化物、烟尘等常规污染物排放已严重超出环境承载力和自净化能力，造成资源紧缺、环境污染、生态恶化，更是形成雾霾天气的主因，对经济社会可持续发展带来负面影响。近年来粗放型的用能模式带来的资源浪费和环境污染问题越来越受到重视（表3-3）。2013年国家印发《大气污染防治行动计划》要求全面整治燃煤小锅炉，加快推进集中供热、"煤改气""煤改电"工程建设。2018年国务院印发《打赢蓝天保卫战三年行动计划》，提出继续实施燃煤锅炉治理，将淘汰每小时10蒸吨及以下燃煤锅炉，范围由地级及以上城市建成区扩大至县级及以上城市建成区，加快关停淘汰燃煤供热小锅炉，全面推进供热方式清洁能源改造。按照《大气污染防治行动计划》的燃料清洁低碳化和燃烧技术节能环保化等要求，工业园区供热方式将配置相应环保设施，实施环保的运行方式，环保相关购置、改造和运行成本将较大幅度增加。

表3-3 我国大气污染防治相关政策要求

时间	文件名称	相关要求
2012年	《重点区域大气污染防治"十二五"规划重点工程项目》	2015年前完成2841台以上燃煤锅炉的清洁能源改造，其中465台燃煤锅炉明确提出由天然气锅炉进行置换
2013年	《大气污染防治行动计划》	要求全面整治燃煤小锅炉，加快推进集中供热、"煤改气""煤改电"工程建设
2013年	《京津冀及周边地区落实大气污染防治行动计划实施细则》	改用天然气等清洁能源逐步取消自备燃煤锅炉
2014年	《京津冀及周边地区重点行业大气污染限期治理方案》	推进平板玻璃企业大气污染综合治理。加快实施玻璃企业煤改气、煤改电工程，禁止掺烧高硫石油焦
2016年	《京津冀大气污染防治强化措施（2016—2017年）》	限时完成农村散烧煤清洁化替代，积极推进农村"电代煤"和"气代煤"工作
2016年	《天然气发展"十三五"规划》	推进天然气应用，替代管网覆盖范围内燃煤锅炉、工业窑炉、燃煤设施用煤和散煤

时间	文件名称	相关要求
2017 年	《能源发展"十三五"规划》	全面实施散烧煤综合治理、逐步推行天然气、电力、清洁型煤机可再生清洁能源替代民用散煤，实施工业燃煤锅炉和窑炉改造提升工程
2018 年	《打赢蓝天保卫战三年行动计划》	继续实施燃煤锅炉治理，要求县级及以上城市建成区基本淘汰每小时 10 蒸吨以下的燃煤锅炉。重点区域基本淘汰每小时 35 蒸吨以下燃煤锅炉，每小时 65 蒸吨及以上燃煤锅炉全部完成节能和超低排放改造

第四节　供热方式技术水平显著提升

从全球看，在能源供需两侧，新的能源开发利用技术和方式也在不断涌现。例如，网络经济、大数据、云计算、机器人等新技术新业态对能源系统变革的影响越来越大；生产和生活设施的电器化和智能化水平不断提升，推动终端用电比重不断上升；随着电热技术、电储能技术的突破，电力对终端化石能源利用的替代渐成趋势；以低温热泵为代表的能源梯级利用规模不断扩大，能源系统效率不断提升。

随着能源利用方式的技术革新，集中供热方式呈现更加经济、环保、安全、高效的发展趋势，类型丰富多样的集中供热技术已能够完全满足各类工业园区的集中供热需求。根据当前在建和规划的集中供热方式相关技术资料，区域集中锅炉房供热效率已达 90% 左右；大型燃煤机组锅炉工质的压力已达超超临界水平，能源综合利用效率已达 65% 以上；天然气热电联产机组已经从 6B、6F、9E 等级逐步升级发展到 9F、9H 等级，同时推广应用兆瓦级、几十千瓦的小型燃机分布式能源。其中，大型燃气机组采用燃气蒸汽联合循环技术，能源综合利用效率已达 70% 以上；抽凝式机组的供热调节性能强，灵活性好；集中供热方式多采取模块化设计，建设周期较短；集中供热方式可配套建设"趋零"排放技术，满足最新排放标准；集中供热方式的供热半径达到 15 千米以上。

在全面推进"互联网＋"智慧能源战略下，调节灵活的天然气分布式能源技术将带动天然气管网和供热（冷）管网智能控制技术、蓄热蓄冷等蓄能技术发展，构建以天然气分布式能源为基础的智能区域供能系统。通过智能热（冷）网连接分布式能源站、换热站和用户形成三位一体的集成智能供热系统，实现少人值守、远程监控，降低运行成本；采用气候补偿技术，根据室外温度变化情况及时调整热（冷）网调度顺序；对换热站二次侧实施动态监控，实时对能耗数据进行统计、分析，优化控制策略，合理调节各用户供热温度；结合热计量推广，采用大数据和全智能控制策略，根据监控数据、用能时段及用能区域的不同，提高热源和热网全系统对单个用户的需求响应和分级控制，实现独立控制、分时分区供能。

主要燃机供热能力见表 3 - 4。

表 3 - 4　主要燃机供热能力表

序号	制造厂商	燃机型号	发电容量（MW）	最大供汽能力（t/h）
1	通用电气（9H 级）	MS9001H	单循环 395，联合循环 584	295（抽凝），492（背压）
2	通用电气（9F 级）	PG9351FA	单循环 260，联合循环 390	250（抽凝），340（背压）
3	通用电气（9F 改进）	PG9371FB	单循环 310，联合循环 460	300（抽凝），390（背压）
4	通用电气（9E）	PG9171E	单循环 130，联合循环 195	135（抽凝），185（背压）
5	通用电气（6F 级）	MS6001FA. 03	单循环 77.1，联合循环 118.4	132.4（背压）
6	通用电气	LM2500 + G4	单循环 32.6，联合循环 40.9	32（抽凝）
7	通用电气	LM2500RD	联合循环 33.16	37（背压）
8	西门子	SGT - 800 - 50	单循环 49.273，联合循环 69.311	56.2（抽凝），77.4（背压）
9	西门子	SGT - 600	联合循环 53.95	69（背压）
10	三菱日立	H - 25（42）	单循环 42，联合循环 55.64	46.4（抽凝），65.7（背压）

续表 3 - 4

序号	制造厂商	燃机型号	发电容量（MW）	最大供汽能力（t/h）
11	南京汽轮机厂	6B.03	单循环 43.24，联合循环 64.082	58.1（抽凝），80（背压）
12	华电 GE	LM6000PF（航改）	单循环 46.593，联合循环 59.775	34.1（抽凝），46.7（背压）

注：①燃机主要用于工业园区，楼宇型分布式能源站余热主要用于溴化锂机制冷或采暖，或板式换热器供应热水，一般不提供蒸汽；②单循环是指燃气轮机出力，联合循环是指燃气轮机＋汽轮机出力；③抽凝、背压两个供汽能力分别是指抽凝机组的最大供汽能力，以及一台机组故障情况下另一台机组背压运行时的最大供汽能力。一般而言，为防止低压缸零部件烧毁，抽凝最大抽汽量为背压供汽量的85％；④数据来源于项目可行性研究报告。

第四章　工业园区供热方式选择的
评价指标与技术路线

第一节　供热方式选择的基本导向

面对工业园区供热方式发展的外部环境变化，选择合理的供热方式必然要与技术方式进步、用户需要特点和外部约束条件等多方面影响因素相匹配，但同时也要客观地对待。供热方式综合评价的价值导向是一个不断趋于最优的动态化过程，特别是对于综合性工业园区的用热企业复杂多样，难以选择一种对所有用户都合适的供热方式，因此，需要突出重点、动态优化地开展工业园区供热方式选择和项目建设实践。

一、以相对较优为目标导向

根据工业园区用热负荷实际情况，按照能源综合利用效率最高和经济技术合理等标准，建议在影响因素相对较优的基础上，优先选择能源综合利用效率最高的供热方式，或者以某种相对较优的供热方式为主，加上其他供热方式组成混合式供热项目。

二、以典型性为需求导向

根据工业园区主导产业用热需求特点，分析得到若干具有代表性的工业园区类型，再以代表性工业园区作为典型案例，根据其影响因素选择合理的供热方式。对于非典型的工业园区，建议根据实际用热需求特点进行具体论证。

三、以定性与定量结合为评价导向

供热方式的影响因素复杂多样，既有负荷规模、经济性等定量因素，也有能源条件、环保要求等定性因素，而且各因素的影响方面及其程度不同，需要进行定性和定量相结合的综合评价。

四、以近期与远期结合为战略导向

随着社会经济和技术水平发展，供热方式的技术经济性和工业园区的用热需求均会发生一定变化，特别是机型、热负荷等方面，需要进行近远期相结合的总体考虑，选择科学合理的供热方式。

第二节　供热方式选择的评价指标体系

一、评价指标的构建原则

由于各类工业园区的热负荷、能源资源、环境约束、经济性需要等基本条件不同，必须深入分析评价上述各项条件的影响因素及指标体系，合理选择供热方案，确保供热项目的技术可行性、节能减排效益明显、热用户用热成本合理，才能实现供热用能清洁、经济、高效、可持续发展。

张沈生（2009）提出需要以评价指标体系建立的原则为依据，建立合理、适用的评价指标体系，主要包括：①一致性。评价指标体系必须和预定的任务、目标、方针等内容的要求相一致。②完备性。指标体系能够反映各个供热方式的经济效益、社会效益、生态效益和人文环境效益等方面的综合特征。③简捷性。指标体系应尽量简捷，突出关键性指标，以大大减少评价的工作量。④客观性。指标体系要客观反映各供热模式诸多因素的内在逻辑联系，尽量以客观性指标代替主观性指标，并力求保证指标值的真实性。⑤可比性。指标体系应能使评价对象互比主次，各指标之间也应能互相比较，分清主次。⑥有效性。指标体系应能够有效地反映出各供热方式之间在该指标上及总体上的差别。⑦非相容性。同一层次的各项指标所反映的特征，应具有相对独立性，不能互相包容。杜栋等（2015）认为，一般来说，在建立评价指标体系时，应遵循以下原则：①指标应具有简约性，宜少不宜多，宜简不宜繁，涵盖达到评价目标的所需的基本内容，能反映评价对象的全部信息。②指标应具有独立性，同一层次的各个指标应尽量不相互重叠，相互间不存在因果关系。③指标应具有代表性，能很好地反映评价对象的某个方面的特性，选择全面反映评价对象各个方面的指标。④指标应具有可行性，符合客观实际水平，有稳定的数据来源，易于操作，且可测。张发明（2018）也提出评价指标选取的合理性直接决定着评价结果的科学与否，需要遵循简洁性原则、独立性原则、代表性原则、可行性原则和全面性原则。

总体来看，一是要结合供热方式的发展政策要求和外部环境变化趋势，抓住供热方式综合评价的核心价值导向；二是要根据不同供热方式的技术经济特点，选取能够全面涵盖供热方式特点的可行性、代表性指标体系。

二、燃料种类选择的影响因素

现有供热方式的燃料种类主要包括煤炭、天然气和生物质等。由于受到燃料方面的污染物排放水平、成本经济性和供应可靠性的约束，工业园区供热方式的燃料种类选择需要考虑所在区域环保要求、燃料供应保障能力和燃料价格承受力等影响因素。工业园区供热方式的燃料选择影响因素见表4－1。

表4－1　燃料种类选择的影响因素

影响因素＼燃料种类	煤炭	天然气	生物质
1. 工业园区所在地环保要求	低	高	中
2. 燃料价格承受力	弱	强	中
3. 燃料供应保障能力	可靠/一般/较差（根据当地实际情况而定）		

（1）工业园区所在地环保要求。随着控制能源消费总量和节能环保约束压力加大，工业园区将严格限制"三高一低"产业发展。如果工业园区所在地环保要求越高，越需要选择清洁低碳化的燃料种类，即优先选择天然气，生物质和煤炭次之，否则反之。从当前实际情况来看，各地级以上市高污染燃料禁燃区、城市建成区内不得新建燃煤供能项目；环保容量较大的地区可适度发展以煤炭为主的供能方式，环保形势严峻的京津冀、长三角、珠三角地区则需要以天然气为主；珠三角高污染燃料禁燃区和城市建成区之外的其他地区，除可实现煤炭减量替代、主要大气污染物两倍替代，且厂址位于沿江沿海，燃煤不需要陆路转运的项目之外，严禁新建燃煤供能项目。

（2）燃料价格承受力。一般来说，对于同种技术类型而言，供热成本对燃料价格最为敏感。如果工业园区企业能源成本越高，越需要选择价格较低的燃料种类，即煤炭优于生物质和天然气，否则反之。对于工业园区热用户大多是资源密集型底端产业，燃料价格敏感性普遍较大，热价承受力为 200 元/蒸吨以下的工业园区适宜选择燃煤供热方式，处于 200～300 元/蒸吨和 300 元/蒸吨以上的工业园区则分别可考虑选择生物质和天然气。

（3）燃料供应保障能力。充足的燃料供应是工业园区供能的重要物质基础。如果工业园区的某种燃料供应保障能力越好，那么越适宜选择该种燃料的供能方式。以广东具体情况为例，天然气资源主要集中在深圳、广州、中山、惠州、珠海、佛山、东莞、江门等地市，选择燃气供热方式的资源条件较佳，随着粤东液化天然气、粤西液化天然气的相继建成，粤东西地区也将具备较好的天然气资源供应能力；粤北山区和粤西地区的生物质资源比较丰富，具备发展生物质锅炉的资源条件；如果选择燃煤供热方式，则需要较好的交通运输条件，例如煤炭码头和铁路货运通道等。

三、技术类型选择的评价指标

根据用热需求实际情况，工业园区集中供热方式类型主要有热电联产（燃煤抽凝、燃煤背压、燃气抽凝和燃气背压）、分布式能源站、集中供热锅炉（燃煤、燃气、生物质或电力），以及上述两种以上方式的组合。

为保障企业生产运营的经济高效性，以及满足工业园区节能环保和供能安全可靠性的需求，选择科学合理的供热方式时，必须考虑到工业园区的负荷规模、供热范围、热电比、负荷密度和负荷特性等关键性影响因素。根据"分布式能源相关规定"、《实用集中供热手册》以及《热电联产规划设计手册》等有关规范，工业园区供能方式的技术类型选择影响因素如下。

（1）现有热负荷量。根据发电机组和锅炉的设计额定出力，6F 级、9E级（GE）、9F 级（三菱改进型、GE）的额定蒸汽量为 100～350 吨/小时。按此划分，选择集中供热锅炉房和热电联产机组的园区现有热负荷量需要分别达到 100～200 吨/小时和 350 吨/小时以上。由于分布式能源站对电热匹配性要求高，通常按照"以热定电"原则选择发电机组，装机规模较小，只满足企业用热需求的 15%～20%，适宜满足现有热负荷量为 100 吨/小时以下的园区用热需求。

（2）近期预测热负荷量。抽凝式热电联产机组，通过汽轮机中间级抽取蒸汽用于集中供热，其余部分在汽轮机继续做功后排入凝汽器凝结成水，机组的能源综合利用效率较低。为遵循"以热定电"原则和严控热电比达到50%以上，选择抽凝式热电联产机组的工业园区近期平均热负荷量需要超过600吨/小时。

（3）供热半径。根据《热电联产规划设计手册》规定，蒸汽管道单位距离温降应控制在10摄氏度/千米以下。一般来说，热电联产供热半径的适宜范围为8千米左右，但随着技术水平的不断提高，在建设条件落实、关停小锅炉数量大的工业园区内，供热半径可达到8～15千米。相应地，受到发电机组和锅炉额定蒸汽出力影响，选择分布式能源站的工业园区供热半径一般为1～3千米，集中供热锅炉房则为3～5千米。

（4）供热范围内负荷密度。负荷密度是指单位供热面积范围内的热负荷量。根据供热半径和现有热负荷量的适宜范围可知，分布式能源适宜满足负荷密度为0.5吨/（小时·平方米）以下的工业园区用热需求，集中供热锅炉和热电联产则分别适宜满足负荷密度为0.5～1吨/（小时·平方米）和1.5吨/（小时·平方米）以上的工业园区用热需求。

（5）热电比。由于分布式能源要求"就地消纳、以热定电、梯级利用"，比较适宜满足热电比较高的工业园区，一般达到75%以上。热电联产受到机组额定出力影响，通常情况下，比较适宜满足热电比达到50%左右的工业园区。

（6）负荷特性。分布式能源以自发自用为主，且要保证能源综合利用效率在70%以上，需要工业园区企业电热负荷稳定性较高且相互匹配良好，从而实现机组基本满负荷运行，达到能源综合利用效率要求。集中供热锅炉和热电联产机组则允许峰谷负荷在基本负荷的25%～30%波动，不足部分预留一定调峰能力。

（7）用热规模占工业园区用热总规模比重。背压式热电机组以热负荷来调整发电负荷，发电后的蒸汽全部用于供热，它对热电负荷变化的适应性差。对于常年用热在6000小时或以上，且只有一种参数的稳定的热用户，用热规模占工业园区用热总量规模达到50%以上，选用背压式热电联产机组是最理想的。从实际情况来看，适宜用于化工、造纸、纺织印染、食品加工、橡胶轮胎等具有稳定热负荷的工业园区通常选择背压式热电联产机组。

表4-2为工业园区技术方式选择的评价指标。

表 4 - 2　技术方式选择的评价指标

技术类型 / 评价指标	热电联产机组				分布式能源站	集中供热锅炉房
	燃煤抽凝	燃煤背压	燃气抽凝	燃气背压		
1. 现有热负荷量（t/h）	>350	>350	>350	>350	<100	100～200
2. 近期预测热负荷（t/h）	>600	—	>600	—	—	—
3. 供热半径（km）	8～15	8～15	8～15	8～15	0～3	3～5
4. 供热范围内负荷密度（近期最高热负荷/供热面积）[t/(h·km²)]	>1	>1.5	>1	>1.5	<0.5	0.5～1
5. 热电比（%）	>50	>50	>50	>50	>75	—
6. 负荷特性（波动情况）	波动较大	稳定	波动较大	稳定	稳定且电热匹配良好	稳定/波动较小
7. 用热规模占园区用热总量比重（%）	—	>50	—	>50	—	—

第三节　供热方式选择的技术路线分析

一、供热方式选择的主要步骤

综合考虑供热方式的燃料类型和技术方式两个方面的影响因素，首先，针对工业园区实际用热情况的技术指标进行比对，评价供热方式的技术指标适宜性；其次，从区域环保要求、燃料价格承受力和燃料供应保障能力出发，评价供热方式的燃料种类指标适宜性；最后，综合技术指标适宜性和燃料指标适宜性，选择合理的工业园区供热方式。

由于热电联产机组、分布式能源站、集中供热锅炉房等供热方式的技术经济指标要求存在客观差异，因此，需要考虑具体技术经济指标影响供热方式适宜性的重要程度差异，按照优先等级由高到低的顺序展开指标比对与选择评价。具体方法见图 4 - 1。

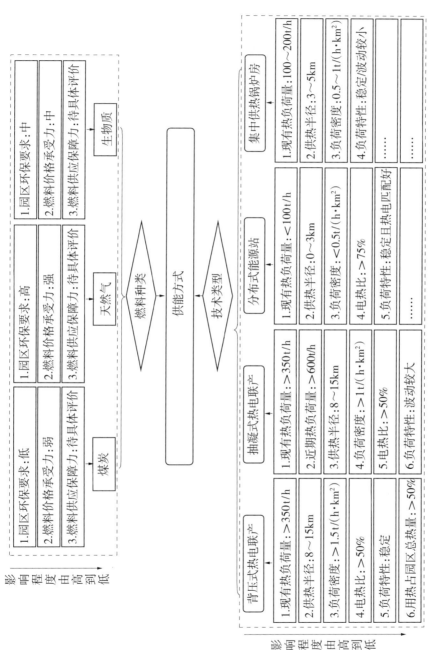

图 4-1　工业园区供热方式选择的技术路线

二、典型工业园区供热方式选择结果

当前，国家、省、市等各级工业产业园区主导用热产业包括石化、造纸、漂染、生物医药、精细化工、食品、汽配、电镀、金属材料等。结合调研情况，选取以下几类典型工业园区，检验供热方式选择方法的实际应用价值。

1. 石化产业类园区

珠海高栏石化产业区（珠海经济技术开发区）是石化为主导的产业园区，现有主要用热企业为珠海碧辟化工有限公司、珠海卡德莱化工有限公司、长兴化学工业有限公司、珠海金鸡化工有限公司等，工业园区原有供热方式是企业自备燃煤供能设施，现有热负荷为工业蒸汽200吨/小时，供热半径为8千米，负荷密度为1.5吨/（小时·平方千米），负荷波动为20%，市内电力基本平衡。根据技术类型选择方法，建议该工业园区选用集中供热锅炉房与热电联产机组的组合供热方式。考虑工业园区所在地环保要求较高、燃料价格承受力以及天然气供应保障力良好，建议该工业园区供热方式的燃料种类选用天然气。

2. 造纸产业类园区

东莞中堂北海仔造纸产业园的主导产业为造纸，现有主要用热企业为有利造纸厂、建晖纸业有限公司、理文造纸厂有限公司等28家造纸企业，工业园区原有供热方式为企业自备燃煤供能设施，现有热负荷为工业蒸汽330～650吨/（小时·平方千米），供热半径为8千米，负荷密度为3吨/（小时·平方千米），热电比为60%，负荷波动为20%，市内电力供应紧缺。根据技术类型选择方法，建议该工业园区优先选用热电联产机组。考虑工业园区所在地具有电力"上大压小"的优势，主导产业燃料价格成本价格承受力较差，且靠近煤炭运输通道，建议园区供热方式的燃料种类选用煤炭。

3. 漂染产业类园区

佛山西樵纺织产业基地的主导产业为纺织漂染，现有主要用热企业为佛山南方印染股份有限公司、佛山大唐纺织印染服装面料有限公司、佛山南海德耀翔胜纺织有限公司、佛山瑞纺染整有限公司、佛山致兴纺织服装有限公司、佛山汇牌纺织有限公司等，工业园区原有供热方式为企业自备燃煤供能设施，现有热负荷为工业蒸汽200～300吨/小时，供热半径为8千米，负荷密度为1.5吨/（小时·平方千米），负荷波动为20%，市内电力基本平衡。

根据技术类型选择方法，建议该工业园区选用集中供热锅炉房与热电联产机组的组合供热方式。考虑工业园区所在地环保要求较高、燃料价格承受力以及天然气供应保障力较好，建议该工业园区供热方式的燃料种类选用天然气。

4. 食品产业类园区

东莞市东城工商业集聚区的主导产业为食品，现有主要用热企业为华润雪花啤酒厂、东莞徐记食品有限公司、东莞市百味佳食品有限公司等，工业园区原有供热方式为企业自备燃煤供能设施，现有热负荷为工业蒸汽300吨/小时，供热半径为8千米，负荷密度为1.5吨/（小时·平方千米），负荷波动为20%，市内电力供应紧缺。根据技术类型选择方法，建议该工业园区优先选用热电联产机组。考虑工业园区所在地环保要求较高、燃料价格承受力以及天然气供应保障力良好，建议该工业园区供热方式的燃料种类选用天然气。

5. 汽配制造产业类园区

广州鳌头产业基地的主导产业为汽配制造等，现有主要用热企业为广州丰力橡胶轮胎有限公司和广州钻石车胎有限公司，工业园区原有供热方式为燃煤分散锅炉，现有热负荷为工业蒸汽18～27吨/小时，规划设计热负荷为工业蒸汽53吨/小时，供热半径为3千米，热电比为175%，电热匹配好。据技术类型选择方法，建议该工业园区优先选用分布式能源站。考虑工业园区所在地环保要求较高、燃料价格承受力以及天然气供应保障力良好，建议该工业园区供热方式的燃料种类选用天然气。

典型工业园区供热方式选择结果比较见表4-3。

综上所述，在综合考虑工业园区所在地生态环保要求，以及工业园区内主要用热企业的用能成本可承受能力和燃料供应保障力的基础上，按照相对较优、典型性、定性与定量结合、近期与远期结合的基本导向，通过深入分析负荷规模、供热半径、负荷密度、热电比和负荷特性等关键性影响因素，选择典型的工业园区供热方式，与实际案例情况基本符合，能够为工业园区构建高效合理的现代化供热方式发展体系提供依据。

表4-3 典型工业园区供热方式选择结果比较

工业园区名称	燃料条件			负荷条件			参考选择	现实方式
	环保要求	价格承受力	供应保障能力	现有热负荷(t/h)	供热半径(km)	热电比(%)		
珠海高栏石化产业区	高	较好	液化天然气接收站，管道天然气	200，波动小	8	—	燃气集中锅炉房与热电联产组合	现有电厂改造过渡，再建燃气热电联产
东莞中堂北海仔造纸产业园	煤电"上大压小"	弱	运输便捷	330~650，波动较小	8	60	燃煤背压热电联产	燃煤热电联产
佛山西樵纺织产业基地	高	较好	管道天然气	200~300，50%波动	8	—	燃气集中锅炉房与热电联产组合	现有电厂改造过渡，再建燃气热电联产
东莞市东城区工商业集聚区（食品）	高	较好	管道天然气	300，20%波动	8	—	燃气热电联产	燃气热电联产
广州鳌头产业基地（汽车配件制造）	高	较好	管道天然气	18~27，电热匹配好	3	175	燃气分布式能源站	燃气分布式能源站

第五章　工业园区供热方式选择的
技术经济性综合评价

科学合理的供热方式不仅要求经济可行，还要具备节能环保、高效安全、技术灵活等优势。结合供热技术发展趋势和工业园区用能需求特点，测算热电联产机组、分布式能源站、集中供热锅炉房等集中供热方式与分散供热锅炉的经济性，评价各类供热方式的经济可行性，然后结合环保、安全和高效等方面，综合评价集中供热方式的经济效益、环境效益和社会效益的总体水平。

第一节　工业园区供热方式的经济性分析

按资本金内部收益率取 8% 考虑，采用热电成本分摊法分别测算燃煤抽凝式热电联产机组、燃煤背压式热电联产机组、燃气抽凝式热电联产机组、燃气背压式热电联产机组、天然气分布式能源站、燃煤集中供热锅炉房和燃气集中供热锅炉房的热电成本价格，并与热电分供价格现状对比分析（图 5-1，表 5-1），评价集中供热项目的经济效益。

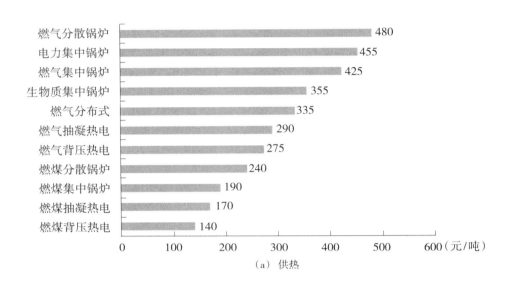

（a）供热

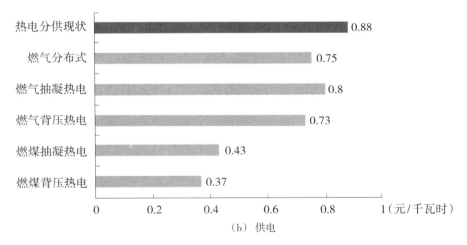

（b）供电

图 5-1　工业园区供热方式的供热、供电价格对比

表5-1　主要供热方式经济性测算参数及结果

供热方式 测算参数	热电联产机组				分布式能源站	集中供热锅炉房				分散供热锅炉	
	燃煤抽凝式	燃煤背压式	燃气抽凝式	燃气背压式	天然气	燃煤	燃气	生物质	电力	燃煤	燃气
单位千瓦投资（元/kW）	5000~5500	3000~3500	4600~5000	4300~4800	8500~9500	600~700	400~500	700~800	800~1000	550~650	350~450
项目资本金比例(%)	20	20	20	20	20	20	20	20	20	20	20
贷款年限（年）	10	10	15	15	8	5	5	5	5	5	5
折旧年限（年）	15	15	15	15	10	10	10	10	10	10	10
运营年限（年）	20	20	20	20	15	12	12	12	12	12	12
年运行小时数（h）	5500~6500	5500~6500	5500~6500	5500~6500	5500~7000	6000~7000	6000~7000	6000~7000	6000~7000	6000~7000	6000~7000
热电比（%）	55~65	120~140	45~55	80~110	100~120	—	—	—	—	—	—
能源利用效率（%）	55~60	75~85	60~70	60~70	70~80	80~85	90~95	80~85	95~98	80	90
燃料价格（含税，元/tec,元/NM³）	730~780	730~780	3.4~3.8	3.4~3.8	3.4~3.8	730~780	4.5~5.5	1000~1300	1200~1500	730~780	4.5~5.5
运行维护费用（%）	5	5	4	4	8	10	5	8	8	15	5
热价（含税，元/t）	160~180	130~150	280~300	260~290	320~350	180~200	400~450	330~380	430~480	200~220(不含税)	400~450(不含税)
电价[含税,元/(kW·h)]	0.40~0.45	0.35~0.4	0.75~0.85	0.7~0.75	0.7~0.8	—	—	—	—	—	—

注：①测算参数参考了相关文献，并结合实际的调研情况适当调整；②能源利用效率指标中，集中供热锅炉房和分散供热锅炉的指供热效率，热电联产和分布式能源的指能源（含热、电）综合利用效率。

67

（1）各类集中供热项目的热电价格均低于热电分供或分散锅炉的热电价格现状，集中供热具有良好的经济性。由于电力主要是煤油气转换的高品质能源，成本明显高于初次能源，电力供热经济性不足。其中，燃煤集中供热项目的热价为 140～190 元/吨，较燃煤分散锅炉热价低 50～100 元/吨以上，较燃气分散锅炉热价低 290～340 元/吨以上，具有显著的价格优势；燃气集中供热项目的热价为 275～425 元/吨，高出燃煤集中供热项目热价，但较燃气分散锅炉供热价低 50～200 元/吨以上，经济性良好。

（2）在热电联产机组与分布式能源站中，受燃料成本、机组造价、机组运行方式影响，其热价由低到高分别是燃煤背压热电机组（140 元/吨）、燃煤抽凝热电机组（150 元/吨）、燃气背压热电机组（275 元/吨）、燃气抽凝热电机组（290 元/吨）和燃气分布式能源站（335 元/吨）。

（3）在集中供热锅炉房中，由于燃料成本优势，燃煤集中锅炉房供热价格仅为 190 元/吨，生物质集中锅炉房供热价格为 355 元/吨，明显低于燃气集中锅炉房的供热价格 425 元/吨和电力集中供热锅炉房 455 元/吨。

综上可知，集中供热项目较热电分供具有良好的经济效益，可有效降低企业生产管理成本，进一步提高能源综合利用效率，加快推进集中供热建设。但是，不同集中供热项目的经济性存在较大差异，需要根据实际情况选择适宜的供热方案。

第二节　工业园区供热方式的多层次综合效益评价

一、综合评价模型

在经济性测算分析的基础上，对工业园区主要供热方式开展经济、环保、安全、高效等多方面效益的综合评价。假定供热方式均处于理想的工业园区发展环境中，并正常运行，使用混合灰色关联多层次综合评价法，并用模糊数学将定性指标定量化，实现多目标决策优化。

根据混合灰色关联多层次综合评价法的基本原理，工业园区供热方式的分层评价模型由三层评价体系组成，涵盖各工业园区供热方式的经济性、环保、安全性、高效等方面属性，其中经济性、环保、安全性、高效属性均为正指标，即越大越好；第一层为基层，由各个具体的评价因素组成；第二层为各因素的分类指标；第三层为最终评判值。

首先，选取因素指标集合 F，则 $F = \{f_1, f_2, \cdots, f_m\}$，其中 $f_1, f_2, \cdots,$ f_m 分别表示经济性、环保、安全性、高效等各方面分类指标，各个具体的评价因素分别用 $I_1, I_2, \cdots, I_m$ 表示。其次，采用判断矩阵分析法，得到 m 阶对比矩阵 $A = (\alpha_{ij})_{m \times m}$，并采用累积优势法可求得权相量为 $W = (\sum\limits_{j=1}^{m} \alpha_{1j},$ $\sum\limits_{j=1}^{m} \alpha_{2j}, \cdots, \sum\limits_{j=1}^{m} \alpha_{mj})$，从而确定各个指标的权重值 $W = \{w_1, w_2, \cdots, w_m\}$。然后，根据实践和逻辑推理建立各定性因素的模糊评价子集 R，应用 $U_{jk} = R_k Q_t$ 得到各定性因素相应的定量指标。再次，确定最优指标集，进行指标集的标准化，按 $\mu_{ij} = (\min\limits_i \min\limits_j |z_{i0} - z_{ij}| + \rho \max\limits_i \max\limits_j |z_{i0} - z_{ij}|) / (|z_{i0} - z_{ij}|$ $+ \rho \max\limits_i \max\limits_j |z_{i0} - z_{ij}|)$ 确定多层灰色关联系数，分辨系数 $\rho \in [0, 1]$。最后，根据 $R = W \times U$ 进行混合多层次灰色关联度综合评价计算，$R = (r_1, r_2, \cdots, r_m)$ 为园区主要供能方式综合评价结果矩阵；$W = (w_1, w_2, \cdots, w_m)$ 为 m 各评判指标的权重分配矩阵；$U = \{(\mu_{ij})_{m \times n}\}$ 为各指标的关联系数矩阵。最终求得工业园区主要供热方式的评判结果 $\{R_1, R_2, \cdots, R_n\}$。

供热方式的属性内涵及其表征指标如下：

（1）经济性。供热项目的经济效益主要来自热、电销售收入，热、电供应价格决定其经济性。

（2）环保。主要是指供热设施的节能减排技术水平，包括二氧化硫、二氧化碳、氮氧化物以及粉尘等排放量。

（3）安全性。既包括设施维持稳定工作的保障能力，也包括其故障或正常维护的灵活便捷性。

（4）高效。能源利用效率是评价供热方式高效水平的重要指标之一，同时，以热电比为代表的技术经济指标和相关政策要求，也会影响供能方式的高效性。

供热方式的综合评价体系如图 5-2 所示。

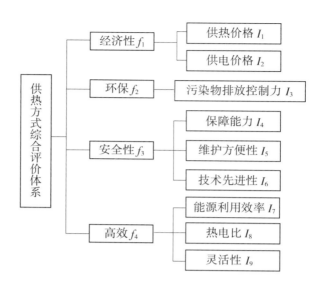

图 5-2 供热方式综合评价体系

二、评价指标体系构建

按照供热方式综合评价模型的指标体系构成，各类园区供能方式综合评价如下，其参数见表 5-2。

（1）供热价格。受燃料成本影响，电力集中供热锅炉房、燃气分散供热锅炉和燃气集中锅炉房的供热价格相对较高，燃煤分散供热锅炉、燃煤集中锅炉房以及燃煤热电联产相对较低。

（2）供电价格。与热价相似，燃气热电联产和分布式能源供电价格相对较高，燃煤热电联产供电价格较低。

（3）污染物排放控制力。燃煤分散供热锅炉污染物排放控制能力相对较低。

（4）保障能力。由于采用大容量高参数机组，燃煤和燃气热电联产的保障能力相对较高。

（5）维护方便性。热电联产和分布式能源的维护方便性相对较高。

（6）技术先进性。燃气热电联产和分布式能源的技术先进性相对较高。

（7）能源利用效率。热电联产和分布式能源的能源综合利用效率相对较高。

表 5 – 2 主要供热方式综合评价指标

关联系数（二层）	关联系数（一层）	热电联产机组 燃煤抽凝式	热电联产机组 燃煤背压式	热电联产机组 燃气抽凝式	热电联产机组 燃气背压式	分布式能源站 天然气	集中供热锅炉房 燃煤	集中供热锅炉房 燃气	集中供热锅炉房 生物质	集中供热锅炉房 电力	分散供热锅炉 燃煤	分散供热锅炉 燃气
经济性 f_1	供热价格 I_1	较低	较低	一般	一般	一般	较低	较高	一般	较高	较低	较高
经济性 f_1	供电价格 I_2	一般	一般	较高	较高	较高	—	—	—	—	—	—
环保 f_2	污染物排放控制力 I_3	一般	一般	较高	较高	较高	一般	较高	较高	较高	较低	较高
安全性 f_3	保障能力 I_4	较高	较高	较高	较高	一般	一般	一般	一般	较高	较低	一般
安全性 f_3	维护方便性 I_5	较高	较低	较高	较高	较高	较低	一般	一般	较高	一般	一般
高效 f_4	技术先进性 I_6	较高	较低	较高	较高	较高	一般	一般	一般	较高	较低	一般
高效 f_4	能源利用效率 I_7	较高	较高	较高	较高	较高	一般	一般	一般	一般	一般	一般
高效 f_4	热电比 I_8	一般	较高	一般	较高	较高	—	—	—	—	—	—
高效 f_4	灵活性 I_9	较高	较低	较高	较低	较高	一般	一般	一般	较高	一般	一般

（8）热电比。背压式热电联产和分布式能源的热电比相对较高。

（9）灵活性。背压式热电联产的灵活性最低。

三、综合评价结果分析

在针对单一工业园区的理想环境下，以供热方式评价指标为基础（I_3、I_4、I_5、I_6、I_9 已考虑计算权重、定性指标定量化、指标集的标准化等数学处理），通过综合评价模型，得到单一工业园区的主要供热方式综合评价 R 值（已考虑各参数的计算权重、定性指标定量化、指标集的标准化等数学处理），R 值越大，表示优选程度越高。

根据多层次综合评价模型，建立涵盖工业园区供热方式的经济性、环保效益、安全性和高效的综合评价体系。首先选取指标集合 F 表示经济、环保、安全、高效四个属性，I 表示具体属性的评价因子；其次采用判断矩阵分析法，并用累积优势法求得指标权重；再次进行指标集的标准化和运用灰色关联分析，确定多层灰色关联系数矩阵；最后进行多层次综合评价计算（表5－3～表5－6）。各类供热方式综合评价结果如下：

（1）由于热电联产机组、分布式能源站具有较为全面的经济、环保、安全、高效优势，其综合评价结果明显优于其他供热方式。其中，燃气热电联产机组和分布式能源站由于经济性、环保和高效较佳而比其他方式的综合评价较优；抽凝式热电联产机组由于灵活性较佳，比背压式热电联产机组的综合评价较优。

（2）在集中供热锅炉房和分散供热锅炉中，燃气和生物质锅炉由于经济、环保、安全、高效等因素相对较佳而综合评价较优；电力集中供热锅炉房的环保和高效性也较佳，综合评价相对较优；燃煤锅炉则由于污染物排放、技术先进性因素均较差而冲淡经济性优势，导致综合评价最差。

综上所述，热电联产机组（0.4747～0.7293）、分布式能源站（0.7621）的综合优势最好，集中供热锅炉房（0.2369～0.7179）次之，分散供热锅炉（0.1270～0.4306）较差。

表5-3　理想情况下工业园区供热方式的指标原始值

关联系数(一层)	(二层)	热电联产机组 燃煤抽凝式	燃煤背压式	燃气抽凝式	燃气背压式	分布式能源站 天然气	集中供热锅炉房 燃煤	天然气	生物质	电力	分散供热锅炉 燃煤	天然气
经济性 f_1	供热价 I_1	180	150	300	290	350	200	450	380	480	220	450
	供电价 I_2	0.45	0.4	0.85	0.75	0.8	0	0	0	0	0	0
环保性 f_2	污染物排放控制力 I_3	2	2	3	3	3	2	3	3	3	1	3
安全性 f_3	保障能力 I_4	3	3	3	3	2	2	2	2	3	1	2
	维护方便性 I_5	3	3	3	3	3	2	2	2	3	2	2
	技术先进性 I_6	3	1	3	3	3	1	2	2	3	1	2
高效 f_4	能源利用效率 I_7 (%)	60	85	70	70	80	85	95	85	98	80	90
	热电比 I_8 (%)	65	140	55	110	120	0	0	0	0	0	0
	灵活性 I_9	3	1	3	2	3	2	2	2	3	2	2
综合评价	经济性 f_1	3	2	5	5	5	1	3	2	1	1	3
	环保性 f_2	2	2	3	3	3	2	3	3	3	1	3
	安全性 f_3	6	6	6	6	5	4	4	4	3	3	4
	高效 f_4	10	8	9	9	12	5	7	7	3	4	7
	合计	21	18	23	22	25	12	17	16	14	9	17

表5-4 理想情况下工业园区供热方式的指标标准化值

标准化后的评价指标集 Z_j		热电联产机组				分布式能源站	集中供热锅炉房				分散供热锅炉	
		燃煤抽凝式	燃煤背压式	燃气抽凝式	燃气背压式	天然气	燃煤	天然气	生物质	电力	燃煤	天然气
经济性 f_1	供热价 I_1	0.090 909	0	0.454 545	0.424 242	0.606 061	0.151 515	0.909 091	0.696 97	1	0.212 121	0.909 091
	供电价 I_2	0.529 412	0.470 588	1	0.882 353	0.941 176	0	0	0	0	0	0
环保 f_2	污染物排放控制 I_3	0.5	0.5	1	1	1	0.5	1	1	1	0	1
安全性 f_3	保障能力 I_4	1	1	1	1	0.5	0.5	0.5	0.5	1	0	0.5
	维护方便性 I_5	1	1	1	1	1	0	0	0	1	0	0
	技术先进性 I_6	1	0	1	1	1	0	0.5	0.5	1	0	0.5
高效 f_4	能源利用效率 I_7（%）	0	0.657 895	0.263 158	0.263 158	0.526 316	0.657 895	0.921 053	0.657 895	1	0.526 315 79	0.789 474
	热电比 I_8（%）	0.464 286	1	0.392 857	0.785 714	0.857 143	0	0	0	0	0	0
	灵活性 I_9	1	0	0.5	0.5	1	0.5	0.5	0.5	1	0.5	0.5

表5-5 参考数据列 Z_0

供热方式	评价指标	供热价 I_1	供电价 I_2	污染物排放控制 I_3	保障能力 I_4	维护方便性 I_5	技术先进性 I_6	能源利用效率 I_7 （%）	热电比 I_8 （%）	灵活性 I_9
热电联产	燃煤抽凝式	1.0000	1.0000	1.0000	1.0000	1.0000	1.0000	1.0000	1.0000	1.0000
	燃煤背压式	0.0000	0.0000	0.0000	0.0000	0.0000	0.0000	0.0000	0.0000	0.0000
	燃气抽凝式	0.0000	0.0000	0.0000	0.0000	0.0000	0.0000	0.0000	0.0000	0.0000
	燃气背压式	0.0000	0.0000	0.0000	0.0000	0.0000	0.0000	0.0000	0.0000	0.0000
分布式能源	天然气	0.0000	0.0000	0.0000	0.0000	0.0000	0.0000	0.0000	0.0000	0.0000
集中供热锅炉	燃煤	0.0000	0.0000	0.0000	0.0000	0.0000	0.0000	0.0000	0.0000	0.0000
	天然气	0.0000	0.0000	0.0000	0.0000	0.0000	0.0000	0.0000	0.0000	0.0000
	生物质	0.0000	0.0000	0.0000	0.0000	0.0000	0.0000	0.0000	0.0000	0.0000
	电力	0.0000	0.0000	0.0000	0.0000	0.0000	0.0000	0.0000	0.0000	0.0000
分散供热锅炉	燃煤	0.0000	0.0000	0.0000	0.0000	0.0000	0.0000	0.0000	0.0000	0.0000
	天然气	0.0000	0.0000	0.0000	0.0000	0.0000	0.0000	0.0000	0.0000	0.0000

表5-6 比较数据列 Z_i

供热方式	评价指标	供热价 I_1	供电价 I_2	污染物排放控制 I_3	保障能力 I_4	维护方便性 I_5	技术先进性 I_6	能源利用效率 I_7（%）	热电比 I_8（%）	灵活性 I_9
热电联产	燃煤抽凝式	0.090 91	0.529 412	0.5	1	1	1	0	0.464 286	1
	燃煤背压式	0.000 00	0.470 588	0.5	1	1	0	0.657 895	1	0
	燃气抽凝式	0.454 55	1	1	1	1	1	0.263 158	0.392 857	1
	燃气背压式	0.424 24	0.882 353	1	1	1	1	0.263 158	0.785 714	0.5
分布式能源	天然气	0.606 06	0.941 176	1	0.5	1	1	0.526 316	0.857 143	1
集中供热锅炉	燃煤	0.151 52	0	0.5	0.5	0	0	0.657 895	0	0.5
	天然气	0.909 09	0	1	0.5	0	0.5	0.921 053	0	0.5
	生物质	0.696 97	0	1	0.5	0	0.5	0.657 895	0	0.5
	电力	1.000 00	0	1	1	1	1	1	0	1
分散供热锅炉	燃煤	0.212 12	0	0	0	0	0	0.526 316	0	0.5
	天然气	0.909 09	0	1	0.5	0	0.5	0.789 474	0	0.5

表5-7　关联系数 U_{ij}

供热方式	评价指标	供热价 I_1	供电价 I_2	污染物排放控制 I_3	保障能力 I_4	维护方便性 I_5	技术先进性 I_6	能源利用效率 I_7（%）	热电比 I_8（%）	灵活性 I_9
热电联产	燃煤抽凝式	0.9091	0.5152	0.5000	1.0000	1.0000	1.0000	0.5088	0.4828	1.0000
	燃煤背压式	1.0000	0.5152	0.5000	0.3333	0.3333	1.0000	0.6591	0.3333	1.0000
	燃气抽凝式	0.5238	0.3333	0.3333	0.3333	0.3333	0.3333	1.0000	0.5600	0.3333
	燃气背压式	0.5410	0.3617	0.3333	0.3333	0.3333	0.3333	1.0000	0.3889	0.5000
分布式能源	天然气	0.4521	0.3469	0.3333	0.5000	0.3333	0.3333	0.7436	0.3684	0.3333
集中供热锅炉	燃煤	0.7674	1.0000	0.5000	0.5000	1.0000	1.0000	0.6591	1.0000	0.5000
	天然气	0.3548	1.0000	0.3333	0.5000	1.0000	0.5000	0.5370	1.0000	0.5000
	生物质	0.4177	1.0000	0.3333	0.5000	1.0000	0.5000	0.6591	1.0000	0.5000
	电力	0.3333	1.0000	0.3333	0.3333	0.3333	0.3333	0.5088	1.0000	0.3333
分散供热锅炉	燃煤	0.7021	1.0000	1.0000	1.0000	1.0000	1.0000	0.7436	1.0000	0.5000
	天然气	0.3548	1.0000	0.3333	0.5000	1.0000	0.5000	0.5918	1.0000	0.5000

表5-8　理想情况下工业园区供热方式的指标取值及其模拟综合评价结果

关联系数（一层）	（二层）	权重	热电联产机组				分布式能源站	集中供热锅炉房				分散供热锅炉	
			燃煤抽凝式	燃煤背压式	燃气抽凝式	燃气背压式	天然气	燃煤	天然气	生物质	电力	燃煤	天然气
经济性 f_1	供热价 I_1（含税，元/吨）	0.1026	160~180	130~150	280~300	260~290	320~350	180~200	400~450	330~380	430~480	200~220（不含税）	400~450（不含税）
	供电价 I_2（含税，元/kW·h）	0.0769	0.4~0.45	0.35~0.4	0.75~0.85	0.7~0.75	0.7~0.8	—	—	—	—	—	—
环保性 f_2	污染物排放控制 I_3	0.2308	一般	一般	较低	较低	较低	一般	较低	较低	较低	高	较低
安全性 f_3	保障能力 I_4	0.1795	较好	较好	较好	较好	一般	一般	一般	一般	较好	较低	一般
	维护方便性 I_5	0.0256	方便	方便	方便	方便	方便	一般	一般	一般	方便	一般	一般
	技术先进性 I_6	0.0769	先进	较差	先进	较差	先进	较差	一般	一般	先进	较差	一般
高效性 f_4	能源利用效率 I_7（%）	0.1282	55~60	75~85	60~70	60~70	70~80	80~85	90~95	80~85	95~98	80	90
	热电比 I_8（%）	0.1538	55~65	120~140	45~55	80~110	100~120	—	—	—	—	—	—
	灵活性 I_9	0.0256	较好	较低	较好	较低	较好	一般	一般	一般	较好	一般	一般

续表5-8

关联系数 (一层)	(二层)	权重	热电联产机组				分布式能源站	集中供热锅炉房				分散供热锅炉	
			燃煤抽凝式	燃煤背压式	燃气抽凝式	燃气背压式	天然气	燃煤	天然气	生物质	电力	燃煤	天然气
综合评价	经济性 f_1	0.1795	0.0636	0.0483	0.1492	0.1340	0.1587	0.0155	0.0932	0.0715	0.1026	0.0218	0.0932
	环保 f_2	0.2308	0.0513	0.0513	0.1026	0.1026	0.1026	0.0513	0.1026	0.1026	0.1026	0.0000	0.1026
	安全性 f_3	0.2051	0.2051	0.2051	0.2051	0.2051	0.1538	0.0513	0.0513	0.0513	0.2051	0.0000	0.0513
	高效 f_4	0.3846	0.2527	0.1700	0.2724	0.2614	0.3470	0.1188	0.1970	0.1700	0.3077	0.1053	0.1835
	合计	1.0000	0.5728	0.4747	0.7293	0.7031	0.7621	0.2369	0.4441	0.3954	0.7179	0.1270	0.4306

注：①该综合评价的前提是假定各主要供能方式均处于理想的园区环境中，并正常运行；②表中综合评价 R 的结果已考虑各参数的计算权重，定性指标定量化，指标集的标准化数学处理，结果数据越大，表示优选程度越高；③能源利用效率指标中，集中供热锅炉房和分散供热锅炉的指供热效率，热电联产和分布式能源的指能源（含热、电）综合利用效率。④表中各属性均为正指标，即越大越好；⑤表中集中锅炉房和分散供热锅炉为无供电价格和热电比。

第六章　广东工业园区供热现状及集中供热调研分析

第一节　广东工业园区发展概况

20 世纪 60 年代，随着欧美国家产业结构的升级，其劳动密集型和处于成熟期的技术密集型产业逐渐向亚太地区转移，尤其是在"亚洲四小龙"地区以工业园区的形式形成了多种制造业产业集群。到 80 年代，随着"亚洲四小龙"地区进入产业结构升级周期，这些产业集群又大量向中国对外开放最前沿的广东地区转移，从而形成了广东现代产业结构和工业园区布局的雏形。当前，广东省工业园区主要包括开发区和产业集聚区两大类。

开发区是指通过行政手段划出一块区域，聚集各种生产要素，在一定空间范围内进行科学整合，提高工业化的集约强度，突出产业特色，优化功能布局，使之成为适应市场竞争和产业升级的现代化产业分工协作生产区。广东省开发区包括经济技术开发区、高新技术产业开发区、海关特殊监管区、产业转移园等形式。经济技术开发区、高新技术产业开发区和海关特殊监管区是改革开放以来最先建立的，以承接国际产业转移为主的园区发展模式，主要布局于珠三角核心区和东西两翼等沿海开放地区；产业转移园的发展起始于 2005 年，主要承接珠三角核心地区的纺织服装、制鞋、电子通信、玩具、箱包、家电、塑料制品、家具、金属制品、客车、精细化工、建材、钟表业等传统产业的转移，多位于广东省粤北山区及东西两翼等欠发达地区。

产业集聚区是指以镇为基本地理单元、专业化配套协作程度较高的一种集群经济发展模式，主要是专业镇。广东省产业集聚区发展于改革开放前期，现已得到广泛发展且布局于各地的镇区或城乡地区，其产业类型以机械、五金、纺织服装、家电、家具、汽配、建材、陶瓷、农业等传统产业为主。

至今，工业园区已成为广东省最具活力和潜力的经济区域，在推动社会经济发展、体制机制创新、产业转型升级以及区域协调发展等方面取得了令人瞩目的成就。根据 2018 年版《中国开发区审核公告目录》和最新版《广东省专业镇名单》统计，截至 2018 年，广东省已形成国家、省、市等各级开发区 194 个、产业集聚区 434 个，工业园区总数合计 628 个。其中，广东全省 41% 的工业园区分布于经济发达的珠三角地区，包括广州（31 个）、深圳（5 个）、佛山（45 个）、珠海（13 个）、东莞（40 个）、江门（33 个）、中山（20 个）、肇庆（37 个）和惠州（35 个），详见表 6 - 1、表 6 - 2。

表 6 - 1　广东省工业园区分布情况

序号	地区	开发区（个）	产业集聚区（个）	合计（个）
1	珠三角	83	176	259
2	粤东	24	80	104
3	粤西	36	51	87
4	粤北	51	127	178
合计（个）		194	434	628

表 6 - 2　珠三角工业园区分布情况

序号	地区	开发区（个）	产业集聚区（个）	合计（个）
1	广州	25	6	31
2	深圳	5	0	5
3	佛山	7	38	45
4	珠海	7	6	13
5	东莞	4	36	40
6	江门	8	25	33
7	中山	2	18	20
8	肇庆	15	22	37
9	惠州	10	25	35

第二节　广东工业园区供热发展现状

一、供热规模与地区分布

（一）供热规模及其构成

近年来，广东省工业园区用热量快速增长，但仍以企业自建的低效分散小锅炉供热为主，集中供热程度总体较低，到 2018 年全省仅有 20 多个工业园区的部分区域实现了集中供热，仅占全省工业园区总数的 5% 左右。

根据省环保及质监部门的统计和调研资料汇总，广东省供热设施总蒸发量约 13 万吨/小时，其中分散供热量约 12 万吨/小时（锅炉台数约 2.1 万台），占全省总蒸发量的 90% 左右，主要分布于珠三角地区（约占全省分散供热总量的 70%）；集中供热量约 1.2 万吨/小时，仅占全省总蒸发量的 8% 左右，见图 6 - 1a。据统计，广东省工业园区分散供热锅炉数量约 0.95 万台，占全省分散锅炉总数的 45%；蒸发量约 6.6 万吨/小时，占全省分散锅炉总蒸发量的 55%，见图 6 - 1b。其中，珠三角园区分散供热锅炉数量约 0.92 万台，占该区分散锅炉总数的 63%；蒸发量约 6.2 万吨/小时，占该区区分散锅炉总蒸发量的 74%，见图 6 - 1c。

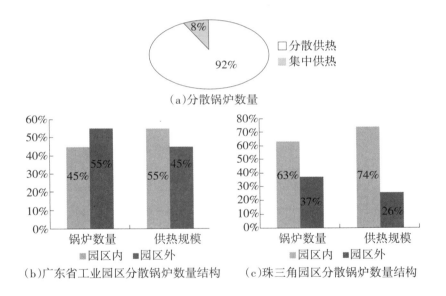

（a）分散锅炉数量

（b）广东省工业园区分散锅炉数量结构　　（c）珠三角园区分散锅炉数量结构

图 6 - 1　广东供热方式规模构成

（二）供热方式地区分布

1. 分散供热

在地区分布上，广东省工业园区分散供热锅炉数量主要集中在东莞（17.3%）、佛山（9.6%）、江门（8.8%）、广州（7.7%）、惠州（5.8%）等城市；园区分散供热蒸发量主要集中于惠州（17.1%）、东莞（16.3%）、广州（11.1%）、揭阳（9.8%）、江门（6.5%）等。详见图6-2，表6-3。

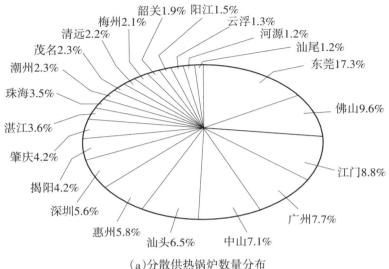

（a）分散供热锅炉数量分布

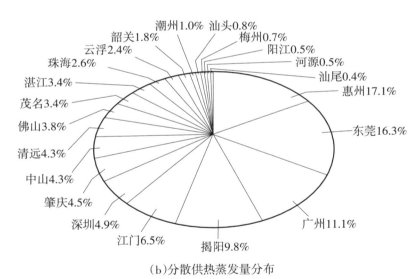

（b）分散供热蒸发量分布

图6-2 广东工业园区分散供热锅炉数量及供热量分布

按用热规模统计，广东省工业园区主要用热行业包括化学原料和化学制品制造业、纺织服装和服饰业、非金属矿物制品业、纺织业、农副食品加工业、木材加工业、橡胶和塑料制品业、造纸和纸制品业、食品制造业、酒和饮料制造业等。其中，珠三角地区用热行业主要是造纸和纸制品业、纺织业、橡胶和塑料制品业、纺织服装和服饰业等；粤东地区主要是纺织业、造纸和纸制品业、食品制造业、纺织服装和服饰业等；粤西地区主要是石油加工业、农副食品加工业、造纸和纸制品业、酒和饮料制造业等；粤北地区主要是纺织业、化学原料和化学制品制造业、造纸和纸制品业、非金属矿物制品业等，详见表6-3。

表6-3 广东工业园区主要用热行业构成

序号	全省	珠三角	粤东	粤西	粤北
1	化学原料和化学制品制造业	造纸和纸制品业	纺织业	石油加工、炼焦和核燃料加工业	纺织业
2	纺织服装、服饰业	纺织业	造纸和纸制品业	农副食品加工业	化学原料和化学制品制造业
3	非金属矿物制品业	橡胶和塑料制品业	食品制造业	造纸和纸制品业	造纸和纸制品业
4	纺织业	纺织服装、服饰业	纺织服装、服饰业	酒、饮料和精制茶制造业	非金属矿物制品业
5	农副食品加工业	化学原料和化学制品制造业	农副食品加工业	木材加工和木、竹、藤、棕、草制品业	木材加工和木、竹、藤、棕、草制品业
6	木材加工和木、竹、藤、棕、草制品业	食品制造业	化学原料和化学制品制造业	橡胶和塑料制品业	农副食品加工业
7	橡胶和塑料制品业	农副食品加工业	非金属矿物制品业	纺织服装、服饰业	有色金属冶炼和压延加工业
8	造纸和纸制品业	酒、饮料和精制茶制造业	橡胶和塑料制品业	化学原料和化学制品制造业	酒、饮料和精制茶制造业
9	食品制造业	木材加工和木、竹、藤、棕、草制品业	木材加工和木、竹、藤、棕、草制品业	纺织业	橡胶和塑料制品业
10	酒、饮料和精制茶制造业		医药制造业	非金属矿物制品业	

2．集中供热

2018 年广东省仅有 20 多个工业园区实现了全区或局部范围的集中供热，主要分布于珠三角的广州、佛山、珠海、东莞、江门、惠州等地，工业园区主导产业有纺织、造纸、食品、化工等。部分集中供热园区供热情况见表 6－4。

表 6－4　广东集中供热项目情况

序号	城市	工业园区名称	用热产业类型	供热方式	集中供热业主
1	广州	广州经济技术开发区西区	食品、造纸、金属加工	2×300MW 燃煤抽凝热电（由燃煤集中锅炉改）	恒运热电
2		广州经济技术开发区东区	汽车、食品、电子、金属加工	2×35t/h + 2×75t/h 集中供热锅炉房	恒运热电
3		广州黄阁汽车化工区	汽车、精细化工	2×300MW 燃煤抽凝热电（由燃煤集中锅炉改）	华润
4		广州新塘环保工业园	洗水、漂染	2×100MW 燃煤抽凝热电	广州发展
5		广州永和经济区	汽车零部件、食品饮料、精细化工	2×180MW 级燃气热电	协鑫
6	佛山	南海西樵纺织产业园	纺织	4×25MW + 1×50MW 燃煤抽凝热电，75MW 燃煤抽背热电	南海景隆
7	珠海	珠海富山工业园	啤酒、织染、包装、皮革、染料	2×35t/h 集中供热锅炉房	华润
8		珠海高栏石化区	石化	由珠海电厂供热改造作为过渡供热	粤电
9	东莞	东莞东城工商业集聚区	啤酒	2×180MW 燃气抽凝热电	中电新能源
10	江门	银湖洲纸业基地	造纸	1×150MW 燃煤抽凝热电	双水电厂
11	惠州	大亚湾经济技术开发区	石油化工	2×300MW 燃煤抽凝热电	国华
12	肇庆	肇庆高新区四会产业园	生物制药、电子机械	2×400MW 燃气热电	中电

二、燃料种类及成本构成

1. 供热燃料种类

据调查统计，2015 年广东省年供热用能约 4000 万吨标准煤，其中分散供热占 96%，集中供热占 4%，见图 6-3。

分散供热年耗能中，煤炭约 4000 万吨，占分散供热用能总量的 68%；油品约 100 万吨，占 16%；生物质能约 600 万吨，占 9%；燃气（含天然气和液化石油气）约 17 亿立方米，占 6%；电力约 40 亿千瓦时，占 1%，见图 6-4。

集中供热以燃煤为主，占集中供热用能总量的 90%。

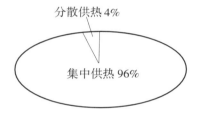

图 6-3 广东供热方式构成

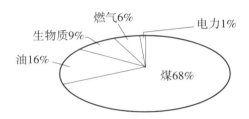

图 6-4 分散供热燃料结构

2. 供热成本构成

广东省现有工业园区的供热成本主要包括燃料成本（含环保成本）、固定成本（含设备、人工、维修等）和税费。

结合实地调研获得的经验参数测算，2015 年燃煤分散供热锅炉的供热成本为 200～220 元/吨（不考虑环保成本的供热成本可低于 180 元/吨），燃气分散供热锅炉的供热成本为 400～450 元/吨，根据广东省现有纺织、纸业和综合产业园区集中供热工程的实地调研，燃煤抽凝热电的供热成本约为 150 元/吨，燃煤背压热电的供热成本约为 185 元/吨，燃气抽凝热电的供热成本约为 300 元/吨。就同种燃料相比，工业园区集中供热成本低于分散供热。由于分散供热锅炉属于非经营性项目而免征收税费，若分散供热锅炉也考虑税费（按 13% 征税）成本，则集中供热的效益将更为明显（表 6-5）。

表6-5　广东工业园区供热成本构成情况（元/吨，比例）

项目	分散供热		集中供热		
	燃煤锅炉	燃气锅炉	燃煤抽凝（江门银洲湖）	燃煤背压（南海西樵）	燃气抽凝（东莞东城）
燃料成本（含环保）	140～143（65%～70%）	320～380（80%～85%）	99（66%）	102（55%）	234（78%）
固定成本	66～77（30%～35%）	68-80（15%～20%）	33（22%）	61（33%）	30（10%）
税费	—	—	18（12%）	22（12%）	36（12%）
合计	200～220（100%）	400～450（100%）	150（100%）	185（100%）	300（100%）

　　工业园区集中供热成本中的税费主要包括所得税、购煤/气进项税率、售电销项税、售热销项税、城市建设维护税、教育费附加等。参考《火力发电工程经济评价导则》（DL/T5435—2009），应纳税对象和相关财务参数见表6-6。

表6-6　集中供热成本的税费构成

项目	税率(%)	应纳税对象（参照资本金流量表项目）
所得税	25	现金流入－流出－折旧成本
购煤/气进项税	13	燃料成本
售电销项税	17	供电收入
售热销项税	13	供热收入
城市建设维护税	7	供电销项税＋供热销项税－购燃/气进项税
教育费附加	3	供电销项税＋供热销项税－购燃/气进项税

三、能源效率和环境影响

1. 能源综合利用效率

　　供热设施的能源利用效率包括供热效率以及能源（含热、电）综合利用效率等两类指标。其中，广东省分散供热设施供热效率为70%～80%，集中供热锅炉房供热效率为90%（若考虑管道温降压降和水泵电耗等损失，其实际供热效率将下降1%～2%），热电联产供热效率则可达95%以上；对于能源综合利用效率而言，热电分产的综合利用效率仅为30%～35%，热电联产的综合利用效率则可以达到55%～60%，接近热电分产的两倍（表6-7）。由于广东以分散供热为主，造成全省能源利用效率总体偏低。

表6-7　能源综合利用效率情况

热电分产		热电联产		
分散供热锅炉 +供电	集中供热锅炉房 +供电	燃煤抽凝 （江门银洲湖）	燃煤背压 （南海西樵）	燃气抽凝 （东莞东城）
30%～35%	40%～45%	55%	58%	60%

2. 供热方式环境影响

（1）分散供热。

分散锅炉能源利用效率低、经济性较差，管理水平参差不齐，多数没有安装烟气污染治理设施，加之分布高度分散，实施监管难度较大，这些分散锅炉不但对环境造成较大污染，而且在供热生产上也存在很大安全隐患。

据环保部门统计，2015年分散供热锅炉的大气污染物年排放量约占全省全社会排放总量50%以上。在珠三角地区，分散供热锅炉的大气污染物年排放量约占该地区排放总量达到了60%，是珠三角地区大气主要污染源之一。

（2）集中供热。

集中供热通过替代原有分散供热锅炉，具有显著节能减排效果以及经济效益和社会效益。园区集中供热采用了容量较大、参数较高的锅炉，供热煤耗较低，综合能源利用效率较高，并具备完善的脱硫、脱硝、除尘等设施，能够满足环保的要求，属于园区转型升级的公益性基础设施，同时节约了锅炉的占地成本，节省了管理成本，排除了安全隐患。据统计，广东省现有纺织、纸业专业园区和新建综合性园区集中供热工程与原有分散锅炉供热相比，分别可节能0.76万～1.87万吨标准煤，减排二氧化硫0.11万～0.27万吨。

广东工业园区集中供热工程的节能减排效果见表6-8。

表6-8　广东工业园区集中供热工程的节能减排效果

与分散锅炉供热相比	佛山市西樵纺织产业基地（燃煤热电）	江门市银洲湖纸业基地（燃煤热电）	东莞市东城工商业集聚区（燃气热电）	珠海市富山工业园（集中供热锅炉）
平均用热量（吨/小时）	160	140	80	65
减少的标煤量（万吨）	1.87	1.64	0.94	0.76
减少的二氧化碳量（万吨）	4.45	3.89	2.23	1.81
减少的二氧化硫量（万吨）	0.27	0.23	0.13	0.11
减少的烟尘（万吨）	2.12	1.86	1.06	0.86
减少的灰渣（万吨）	0.90	0.78	0.45	0.36

四、用热行业热价承受力

据调查统计分析，广东省用热产业大多处于国际产业链分工中的末端地位，属于资源密集型低端产业，产业竞争充分且激烈，用热量较大，产业对热价的敏感程度普遍较大（表6-9）。

表6-9　广东工业园区用热产业对热价敏感程度

序号	产业类型	产业竞争程度	产业用热量	热价占产品成本比例（%）	产业对热价的敏感程度
1	化学原料和化学制品制造业	中	中	3～8	中
2	纺织服装、服饰业	较大	较大	2～10	较大
3	非金属矿物制品业	较大	较大	2～10	较大
4	纺织业	较大	较大	2～10	较大
5	农副食品加工业	较大	较大	5～10	较大
6	木材加工和木、竹、藤、棕、草制品业	较大	较大	2～10	较大
7	橡胶和塑料制品业	中	中	3～8	中
8	造纸和纸制品业	较大	较大	2～10	较大
9	食品制造业	中	中	5～10	中
10	酒、饮料和精制茶制造业	中	中	3～8	中
11	有色金属冶炼和压延加工业	较大	较大	2～10	较大

以调研园区的热用户为例，现有纺织、纸业专业园区和新建综合性园区集中供热工程的热用户用热参数为 0.6～2.0 兆帕和 170～230 摄氏度，热价占产品成本比例为 2%～10%，仅少量属于偏中高端产业，以资源密集型低端产业为主，热用户对热价的敏感程度普遍偏大（表 6－10）。

表 6－10　广东工业园区热用户对热价敏感程度

园区名称	主要产品	产业竞争程度	产业用热量	产业用热参数	热价占产品成本比重（%）	产业对热价敏感程度
佛山市西樵纺织产业基地	中高端的纺织原料和成品	较大	较大	0.6～1.3MPa，170～210℃	2～10	较大
江门市银洲湖纸业基地	中高端的新闻纸、生活用纸、工业用纸、特种纸	中	较大	0.6～2.0MPa，170～230℃	3～8	中
珠海市富山工业园	中高端的啤酒、织染、皮革、油墨	中	中	0.6～1.0MPa，170～200℃	2～5	中
东莞市东城工商业集聚区	中高端的啤酒、食品	中	中	0.6～1.3MPa，170～210℃	3～10	中
东莞市麻涌镇油脂产业集聚区	中低端的粮油食品	较大	较大	0.6～1.3MPa，170～210℃	5～10	较大
东莞市中堂镇纸业产业集聚区	中低端的瓦楞纸、包装纸，以及纺织原料和成品	较大	较大	0.6～2.0MPa，170～230℃	5～10	较大

五、供热方式发展存在问题

调研发现，广东省的集中供热发展布局和建设缺乏统一规划，例如，规划部门没有把新建的工业企业用热大户聚集在已建热电厂的供热区域之内，部分热电厂的供热能力得不到充分利用；用热企业集中的区域也没有及时规划建设集中供热设施，企业不得不建设小锅炉以满足用热需求。此外，由于集中供热管网属市政公用设施，由供热企业承担投资独立建设比较困难，政府允诺的管道建设资金又常常不落实等，导致集中供热管道的建设往往滞后工业区的需要。加上集中供热的价格尚缺乏合理、规范的定价标准，没有明确的配套优惠政策，使企业发展集中供热、热电联产的积极性不高。具体表现为以下方面。

1. **热负荷集中程度相对不高**

广东省园区热负荷规模总量占全省的60%以上，但单位面积的热负荷集中程度偏低，且集中供热规划引导不足，造成目前以分散锅炉供热为主导的供热结构。这种供热结构能源利用效率低，仅为60%左右，经济性较差，多数没有安装烟气污染治理设施，加之分布高度分散，难以管理，不但造成较大环境污染，而且在供热生产上存在很大安全隐患。

2. **热价承受力与环保的矛盾加剧**

广东省园区热用户大多是资源密集型低端产业，热价承受力相对较低，难以承受清洁环保但价格偏高的天然气，导致现有集中供热项目多选用价格较低的煤炭作为燃料，这与推广使用清洁能源、强化高污染燃料禁燃区管理等环保要求矛盾。

3. **集中供热配套机制有待进一步理顺**

集中供热具有公共事业和公益性服务属性，但目前天然气等清洁燃料成本较高，缺乏合理的燃料成本－热价－电价机制与扶持政策，造成拟建的热电联产项目通常选用大容量机组，通过发电的盈利来补贴供热亏损，以保障合理经济收益。

第三节 广东工业园区集中供热调研分析

根据对珠三角地区现有纺织、纸业专业园区和新建综合性工业园区集中供热工程的实地调研，得到广东省工业园区集中供热工程的热源、管网、热用户、运营和节能减排等方面主要特点。

一、热源发展模式

当前，珠三角工业园区集中供热工程的热源发展主要有两种模式。

1. 由自然的产业聚集而成的工业园区

工业园区集中热源规划目标与原则是以"统一供热"为目标，实施供热专营权，供热管网覆盖范围均纳入集中供热范围，原则上禁止使用原有的分散锅炉；工业园区集中热源近期规划是通过现有设施改造，如工业园区内现有电厂的供热改造等方式实现局部的集中供热；工业园区集中热源远期规划是通过"上大压小"的方式建设大型热电联产机组实施全面的集中供热。该模式的典型工业园区如佛山市西樵纺织产业基地、江门市银洲湖纸业基地、东莞市东城工商业集聚区等。

2. 按城市规划新建而成的工业园区

工业园区集中热源规划目标与原则是以"热电联产"为目标，实施供热专营权，原则上禁止建设新建分散锅炉；工业园区集中热源近期规划是通过建设过渡供热锅炉房实现局部的集中供热；工业园区集中热源远期规划是通过建设大型热电联产机组实施全面的集中供热。该模式的典型园区如珠海市富山工业园等。

二、管网建设模式

珠三角工业园区集中供热工程的管网发展主要有两种模式。

1. 工业园区管委会出资建设管网的工业园区

工业园区管委会按集中供热工程的管网规划安排建设用地并出资建设管网，通过供热专营权委托热源业主管理运营管网。该模式的典型工业园区如广州经济开发区等。

2. 热源业主出资建设管网的工业园区

工业园区管委会按管网规划安排建设用地并协调走向问题，主要采用热源业主投资，局部采用土地使用者自己投资结合热源业主提供热价优惠等模式，通过供热专营权委托热源业主管理运营管网。该模式的典型园区如佛山市西樵纺织产业基地、江门市银洲湖纸业基地、东莞市东城工商业集聚区、珠海市富山工业园等。

三、热用户发展特征

1. 产业对热价的敏感程度

现有纺织、纸业专业工业园区和新建综合性工业园区集中供热工程的热用户仅少量属于偏中高端产业，大多属于资源密集型低端产业，产业竞争充分且激烈，产业用热量较大，用热参数处于0.6～2.0兆帕和170～230摄氏度，热价占产品成本比重处于2%～10%，产业对热价的敏感程度普遍偏大（表6-11）。

表6-11　主要行业热用户特征

工业园区	主要产品	产业竞争程度	产业用热量	产业用热参数	热价占产品成本比重（%）	产业对热价的敏感程度
佛山市西樵纺织产业基地	中高端的纺织原料和成品	较大	较大	0.6～1.3MPa，170～210℃	2～10	较大
江门市银洲湖纸业基地	中高端的新闻纸、生活用纸、工业用纸、特种纸	中	较大	0.6～2.0MPa，170～230℃	3～8	中
珠海市富山工业园	中高端的啤酒、织染、皮革、油墨	中	中	0.6～1.0MPa，170～200℃	2～5	中
东莞东城工商业集聚区	中高端的啤酒、食品	中	中	0.6～1.3MPa，170～210℃	3～10	中
东莞市麻涌镇油脂产业集聚区	中低端的粮油食品	较大	较大	0.6～1.3MPa，170～210℃	5～10	较大
东莞市中堂镇纸业产业集聚区	中低端的瓦楞纸、包装纸以及纺织原料和成品	较大	较大	0.6～2.0MPa，170～230℃	5～10	较大

2. 产业热负荷变化特点

如图6-5所示，纺织、纸业专业工业园区和新建综合性工业园区集中供热工程的热负荷曲线中，纺织行业由于生产时段和季节特征明显而呈现较大波动，纸业的生产时段和季节特征相对不强而波动较小，综合性工业园区则由于产业类型多样也显得相对平稳。

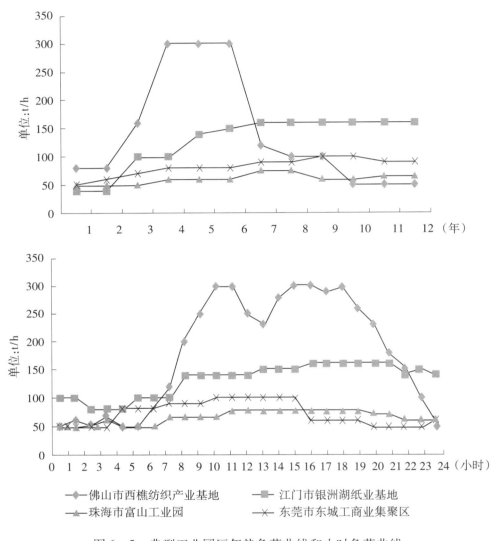

图 6 - 5　典型工业园区年热负荷曲线和小时负荷曲线

（1）印染企业的生产、销售受市场订单影响较大，用热量有明显的淡旺季，一般每年中的 1—4 月份和 11—12 月份的用热负荷较低，而 5—10 月份的热负荷能达到最高负荷的 80%～90%。旺季期间纺织企业一般采用三班制连续生产方式，淡季期间采用两班制连续生产方式。

（2）造纸行业的用热需求主要为生产工艺用热，用热量没有明显的淡季，一般每年中的 5—9 月份的用热负荷较高，达到最高负荷的 80%～90%，而 1—4 月份、10—12 月份的热负荷也能达到最高负荷的 75%～90%。一般按订单组织 24 小时三班制连续生产方式。

（3）食品饮料行业的用热需求主要为生产工艺用热，用热量有比较明显的淡旺季，一般每年中秋到过年期间的用热负荷较高，而 3—7 月份用热负荷较低，12 月份、1 月份、2 月份的热负荷能达到最高负荷的 90%～100%。一般按订单组织 24 小时三班制连续生产方式。

（4）建材行业的用热需求主要为生产工艺用热，用热量没有明显的淡旺季，全年负荷在 70%～100% 之间变动。一般按订单组织 24 小时三班制连续生产方式。

（5）五金行业用热需求主要为生产工艺用热，用热量没有明显的淡旺季，一般每年中的 8—11 月份的用热负荷较高，而 1—7 月份、12 月份的热负荷也能达到最高负荷的 75%～90%。一般按订单组织 24 小时三班制连续生产方式。

（6）机械行业用热需求主要为生产工艺用热，用热量没有比较明显的淡旺季，一般每年中的 8—10 月份的用热负荷较高，而 1—7 月份、11—12 月份的热负荷也能达到最高负荷的 70%～90%。一般按订单组织 24 小时三班制的连续生产方式。

（7）电子产品行业用热需求主要为生产工艺用热，用热量没有比较明显的淡旺季，一般每年中的 8—11 月份的用热负荷较高，而 1—7 月份、12 月份的热负荷也能达到最高负荷的 75%～90%。一般按订单组织 24 小时三班制连续生产方式。

（8）生物科技行业主要为生产工艺用热，用热量没有比较明显的淡旺季，一般每年中的 8—10 月份的用热负荷较高，而 1—7 月份、11—12 月份的热负荷也能达到最高负荷的 70%～90%。一般按订单组织 24 小时三班制的连续生产方式。

（9）化工行业用热需求主要为生产工艺用热，用热量没有比较明显的淡旺季，一般每年中的 8—10 月份的用热负荷较高，而 1—7 月份、11—12 月份的热负荷也能达到最高负荷的 70%～90%。一般按订单组织 24 小时三班制的连续生产方式。

四、项目运营模式

供热工程的运营主要包括运行方式和定价机制两方面。

1．运行方式

供热工程属于公共事业、公益性服务类别，其运行方式将根据综合管网用户的用热工艺、用热参数、用热时段以及管网损耗等因素，编制热源运行曲线，确定热源运行方式。其中，供热工程的调峰方式可采用调整用户需求曲线等需求侧管理手段，也可调动备用调峰锅炉来调节。以佛山市西樵纺织产业基地集中供热工程为例，其机组运行图是以 1 台 75 兆瓦的抽汽背压汽轮发电机组承担基本负荷，1 台 50 兆瓦抽凝式汽轮发电机组承担腰峰负荷，4 台 25 兆瓦抽凝式汽轮发电机组承担高峰负荷。

2．定价机制

供热价格是以供热成本（含燃料成本、固定成本、税费和利润）为基础，结合园区产业的价格承受力，在物价主管部门监督下，由供需双方协调确定。

根据对珠三角地区现有纺织、纸业专业工业园区和新建综合性园区集中供热工程的实地调研，2015 年燃煤热电的供热成本为 150～200 元/吨；燃煤集中锅炉的供热成本为 376 元/吨，由于该成本测算时考虑的运营年限较短，导致固定成本较高，经协调后的实际供热价格为 254 元/吨。其中，园区集中供热成本中的税费主要包括所得税、购煤/气进项税率、售电销项税、售热销项税、城市建设维护税、教育费附加等。

五、节能减排效果

工业园区集中供热工程与分散锅炉供热相比，节能减排效果显著，具有良好的经济效益和社会效益。工业园区集中供热工程采用了容量较大、参数较高的锅炉，锅炉热效率可达 90% 以上，整体运行热效率在 60% 左右，供热煤耗较低，综合能源利用率较高；具备完善的脱硫、脱硝、除尘等设施，能够满足环保的要求；属于工业园区转型升级的公益性基础设施；节约了锅炉的占地成本，节省了管理成本，排除了安全隐患。

第四节　广东工业园区供热方式优化选择建议

根据工业园区供热方式选择的评价指标及技术路线，结合广东省工业园区供热发展情况以及实地调研分析，从供热方式的技术类型及燃料种类两个方面，对广东省工业园区供热方式的优化选择提出以下建议。

一、技术类型选择建议

在供热方式的技术类型方面，建议工业园区分热电联产机组和分布式能源站的技术方式，从热负荷基础条件和热源的技术经济性两个角度考虑。

（一）热负荷条件

1. 热电联产机组

工业园区内或周边已有纯凝发电机组或供热锅炉的，鼓励实施技术改造为合理供热规模的抽凝、背压型热电联产机组实施集中供热；鼓励现有自备热电联产机组适度扩大建设规模实施集中供热。

现有用热规模 350 吨/小时以上，且热负荷密度大于 1.5 吨/（小时·平方千米），近期平均热负荷不小于机组额定供气量的工业园区，可选用热电联产方式集中供热，应优先选用背压式热电联产机组承担稳定热负荷；近期热负荷需求量大于 600 吨/小时，且波动较大或需求参数差异较大，热负荷密度大于 1 吨/（小时·平方千米）的工业园区，可建设合理规模的抽凝式热电联产机组，或背压机组与抽凝机组相组合，保障供热的同时提高供热调节能力。

2. 分布式能源站与集中供热锅炉房

鼓励利用现有分散供热锅炉改造或新建过渡集中供热锅炉作为应急调峰备用热源。

现有用热规模小于 200 吨/小时和热负荷密度 1 吨/（小时·平方千米）以下的工业园区，优先选用集中供热锅炉房或分布式能源站集中供热；近期热负荷增长较快但用热规模暂处于 200 吨/小时以下的工业园区，可先期建设集中供热锅炉或分布式能源站，中远期再根据实际情况考虑建设热电联产项目。

根据各工业园区用热负荷的实际情况，按照能源综合利用效率最高的原则，也可选择不同类型热源组成混合式集中供热项目。

（二）热源技术要求

新建热电联产机组和分布式能源站项目应按照"以热定电"和电力在当地 220 千伏及以下电网就地消纳为主的原则，切实做好装机规模论证，严格控制大型抽凝式热电联产机组建设规模，热电联产项目单站建设规模原则上不应大于 1200 兆瓦。

燃气热电联产和燃气分布式能源站项目热电比不低于 50%，能源综合利用效率不低于 70%；燃煤热电联产项目热电比不低于 60%，能源综合利用效率不低于 65%。

二、燃料种类选择建议

目前采用燃煤、燃油分散锅炉，且短期内不能采用集中供热的工业园区，应尽快改燃气或生物质；不具备改燃气的工业园区，应引进技术改造，采用清洁燃烧技术。

综合考虑能源综合利用效率、环境保护、资源供应等因素论证确定，珠三角地区和粤东西北地区各地级以上市污染燃料禁燃区、城市建成区内不得新建燃煤、燃油等燃烧高污染燃料的集中供热项目，原则上选择天然气为主；珠三角高污染燃料禁燃区和城市建成区之外的其他地区，除可实现煤炭减量替代、主要大气污染物两倍替代，且厂址位于沿江沿海、燃煤不需要陆路转运的项目外，严禁新建燃煤、燃油集中供热项目。有条件的地区可积极采用生物能、太阳能和地热能等可再生能源实施分布式供热。

第七章 广东工业园区集中供热方式选择的规划实践介绍

第一节 全市域工业园区供热规划：东莞和佛山

一、以镇为主体的东莞市集中供热规划

（一）东莞工业园区供热发展概况

1. 东莞工业园区概况

经调查统计，东莞已形成国家级高新区 1 个，省级重大区域发展平台 1 个，省级开发区 1 个，市级工业园区 2 个，市（区、镇）级产业集聚区 15 个，其相关园区主导产业情况见表 7 - 1。

表 7 - 1　东莞市主要工业园区和产业集聚区概况

序号	园区类型	园区/镇区	主导产业
1	国家级	松山湖高新区	电子信息、生物技术、文化创意、金融服务
2	省级重大平台（水乡特色经济区）	石龙镇、中堂镇、石碣镇、道滘镇、沙田镇、麻涌镇、高埗镇、万江街道、望牛墩镇、红梅镇、虎门港产业园区	电子信息、造纸、五金、物流、房地产、服务业、电子工业、电器、五金、时装、皮革制品、纸品、食品等
3	省级工业园	东莞生态产业园区	高端电子信息产业、高端装备制造产业、文化创意产业

续表 7 - 1

序号	园区类型	园区/镇区	主导产业
4	市级工业园	粤海装备技术产业园	汽车装备产业
5		长安滨海新区	新兴文化产业、现代物流商贸、休闲商务、战略产业研发
6	产业集聚区	虎门镇	服装、汽车、电子信息、物流、会展、生物工程、新材料及新能源、机电一体化、环保、五金、塑料、玩具、皮革、建材、家具、彩色印刷、电线电缆
7		厚街镇	家具、食品、房地产、酒店
8		长安镇	电子五金
9		寮步镇	光电数码、电子、电脑、电器
10		大朗镇	现代信息服务业、毛织特色产业
11		黄江镇	电子信息工业、电子、塑胶、五金、鞋业、家私、玩具
12		樟木头镇	商贸服务业、工业产业、房地产业
13		清溪镇	光电通信、电脑制造、IT 产业
14		塘厦镇	电子信息、电源设备、家用电器及周边设备加工制造业
15		常平镇	半导体照明、高端电子、装备制造、汽车零配件、节能环保和光机电一体化、电子信息产业、物流
16		桥头镇	包装印刷、电子信息、五金机械、纺织、家具
17		横沥镇	模具
18		东坑镇	通信电子、零售业、服务业
19		企石镇	光电产业、电子信息、汽车配件、生物医药、医疗器械
20		茶山镇	食品

2. 东莞供热发展情况

（1）供热基础。

东莞市经济总量较大，制造业较为发达，各产业的用热需求大并且快速增长，但实施集中供热规划之前，全市建成的热电联产项目仅有中电新能源热电联产项目、东莞市三联热电联产项目以及恒运集团供热管网项目，合计规模8300兆瓦，约占全市供热设施总蒸发量的7%，主要供热方式仍是低效分散小锅炉供热，分散锅炉能源利用效率低、经济性较差，管理水平参差不齐，多数没有安装烟气污染治理设施，加之分布高度分散，实施监管难度较大，不但对环境造成较大污染，而且在供热生产上也存在很大安全隐患。东莞市通过完善热电联产基础设施，可加快分散供热锅炉关停淘汰，提高能源利用效率，优化能源结构，对促进全市和全省节能减排和建设生态文明也具有重要意义。

据调查，集中供热规划初期的东莞市供热设施总蒸发量约9949吨/小时，其中分散供热设施总蒸发量约9549吨/小时（约3600台锅炉），占全市供热设施总蒸发量的96%，约占全省分散供热总量的16.3%；分散供热蒸发量主要集中在中堂（16.8%）、麻涌（6.4%）、大朗（6.2%）、道滘（5.5%）、沙田（5.0%）、洪梅（4.9%）等镇区。分散供热锅炉详细情况见表7-2。

表 7-2　东莞市分散供热设施蒸发量分布

序号	镇区	分散锅炉总蒸发量(t/h)	10吨以下分散锅炉总蒸发量(t/h)
1	莞城区	10	10
2	石龙镇	60.2	60.2
3	虎门镇	350.8	302.8
4	东城区	260	158
5	万江区	344.9	274.9
6	南城区	21.8	21.8
7	中堂镇	1602.3	1357.3
8	望牛墩镇	206.1	146.1
9	麻涌镇	610.6	20.6
10	石碣镇	103.6	93.6
11	高埗镇	429.1	244.1
12	道滘镇	524.2	264.2
13	洪梅镇	466.1	221.3

序号	镇区	分散锅炉总蒸发量(t/h)	10 吨以下分散锅炉总蒸发量(t/h)
14	沙田镇（虎门港）	474.9	264.9
15	厚街镇	419.3	379.3
16	长安镇	271.6	238.8
17	寮步镇	214.3	204.3
18	大岭山镇	304.3	284.3
19	大朗镇	588.7	546.7
20	黄江镇	282.8	17.3
21	樟木头镇	59.2	23.2
22	清溪镇	232.4	201.6
23	塘厦镇	193.9	193.9
24	凤岗镇	176.8	156.8
25	谢岗镇	82.4	82.4
26	常平镇	464	417
27	桥头镇	232.6	232.6
28	横沥镇	92.7	92.7
29	东坑镇	38.2	18.2
30	企石镇	125.7	100.7
31	石排镇	53	53
32	茶山镇	180.8	135.8
33	松山湖	71	26
	合计	9548.5	6844

（2）热负荷需求预测。

随着东莞市产业转型升级的进一步发展，资源密集型低端产业将向高端化发展，技术和资本密集型的现代化产业也将加快建立，预计东莞市用热需求将呈现需求总量增加、供应品质要求提高的趋势。

据预测，东莞市用热需求总量将持续上升，用热需求分布呈集聚发展。

按用热需求集聚分布特点，全市用热需求可分为 11 个片区。全市最大用热需求量考虑同时率后，2015—2017 年达到 7327 吨/小时，到 2020 年将达到 8186 吨/小时。

（二）东莞热电联产规划总体思路

东莞热电联产以建设资源节约型、环境友好型社会和生态文明为理念，以满足东莞市用热需求和保障供热安全为核心，结合全省大气污染防治行动方案和分散供热锅炉关停计划，加快推进热电联产项目。充分发挥市场机制作用，加强政策引导和扶持，积极应用先进技术，全面提升热电联产项目保障能力和管理水平，实现资源效益、环境效益、经济效益与社会效益共赢。

统筹规划热电联产项目，按照用热用电需求、资源条件、环境约束、经济性等建设条件，以高效节能、经济环保的原则合理选择热电联产方案，确保热电联产项目经济技术可行。近期对列入广东省大气污染防治行动方案和东莞市大气污染防治目标责任书关停计划的分散锅炉对应的热电联产项目优先组织实施。

（1）燃料选择。

城市高污染燃料禁燃区、城市建成区内不得新建燃煤、燃重油等燃烧高污染燃料，城市高污染燃料禁燃区和城市建成区之外地区也应基本使用天然气等清洁能源。

（2）供热方式。

热电联产方式主要包括抽凝式热电联产、背压式热电联产、现役纯发电机组热电联产改造等方式，天然气热电联产项目热电比不低于 50%。对于建设条件近期难以落实的热电联产项目，鼓励过渡期采用现役机组供热改造等方式。

（3）环保要求。

热电联产项目大气污染物排放严格执行国家、省级有关排放标准。

（4）发展目标。

在现有热负荷规模较大且具有较强增长潜力的园区规划发展热电联产项目，相应关停供热区域范围内分散供热锅炉，园区内不再新建分散供热锅炉。到 2020 年具有一定规模用热需求的园区基本实现热电联产。

东莞市集中供热选型结果如表 7 - 3 所示。

表7-3 东莞市集中供热选型结果

区域	现有				近期							中期			
	高污染燃料禁燃区	高污染燃料禁燃区内高污染燃料锅炉容量（t/h）	热价承受能力	保障度较强的燃料	现有热负荷（t/h）	近期热负荷（t/h）	负荷特征	热电比（%）	近期选型建议			中期热负荷（t/h）	中期选型建议		
									热电联产	区域型分布式能源站	集中供热锅炉房		热电联产	区域型分布式能源站	集中供热锅炉房
1. 中堂片区（中堂镇）	中堂镇建成区	167	较弱	天然气、煤炭	752	975	波动较大	>50	√			1038			
2. 虎门港立沙岛、麻涌片区（立沙岛、麻涌镇）	虎门港立沙岛（除立沙岛、麻涌岛外全辖区）	80	较强	天然气	452	680	波动较大	>50	√			1470			
3. 望洪道片区（望牛墩镇、洪梅镇、道滘镇）	各镇建成区	361	较强	天然气	347	487	波动较大	>50	√			895	√		
4. 高石万片区（高埗镇、石碣镇、万江镇）	各镇建成区	109	较强	天然气	819	900	波动较大	>50	√			982			
5. 东城片区（东城区、寮步镇、大岭山镇、大朗镇、茶山镇）	东城区各镇建成区	59	较强	天然气	1167	1200	波动较大	>50	√			1300			
6. 寮松湖片区（寮步镇、松山湖）	松山湖寮步镇全辖区、寮步镇建成区	16	较强	天然气	204	452	波动较大	>50	√			555			

区域	现有				近期						中期			
	高污染燃料禁燃区	高污染燃料禁燃区内高污染容量锅炉容量(t/h)	热价承受能力	保障度较强的燃料	现有热负荷(t/h)	近期热负荷(t/h)	负荷特征	热电比(%)	近期选型建议		中期热负荷(t/h)	中期选型建议		
									热电联产	区域型分布式能源站	集中供热锅炉房		热电联产	区域型分布式能源站	集中供热锅炉房
7. 谢岗片区(粤海产业园、常平镇、谢岗镇、桥头镇)	各镇建成区	21	较强	天然气	410	699	波动较大	>50	√			849			
8. 沙田片区(沙田镇)	沙田镇建成区	67	较弱	天然气 煤炭	380	477	波动较小	>50			√	483	√		
9. 樟洋片区(樟木头镇、清溪镇、塘厦镇)	塘厦镇全辖区、各镇建成区	72	较强	天然气	151	292	波动较大	>50				519	√		
10. 凤岗片区(凤岗镇)	凤岗镇建成区	10	较强	天然气	136	499	波动较大	—				520	√		
11. 生态园片区(生态园、企石镇、石排镇、横沥镇、东坑镇、茶山镇寒溪河以北区域)	生态园、全辖区、各镇建成区	12	较强	天然气	163	198	波动较大	—				218		√	

（三）东莞热电联产规划主要任务

1. 任务措施

（1）积极推进热电联产项目。

加快在建项目建设。加强统筹协调，及时解决项目建设中存在的问题，保障项目顺利实施；项目业主要加快项目施工进度，确保按期建成投产。

抓紧启动新开工项目。对列入规划的新开工项目，项目所在工业园区应支持项目业主加快推进项目前期工作，编制热电联产规划，落实建设条件，将关停分散供热锅炉的减排、节能指标优先用于热电联产项目建设；国土、环保等部门积极支持办理项目核准相关支持性文件。

项目实施前应与用热企业签署供热协议，明确供热规模、供热价格等内容，项目的近期热负荷、热电比等指标应满足《推进我省工业园区和产业集聚区集中供热的意见》（粤发改能电〔2013〕661号）的要求。

（2）加强供热管道建设和管理。

供热管网应与热电联产项目同步规划、同步建设，并做好与工业园区发展规划、土地利用总体规划和市政设施规划的衔接，处于城市建成区的供热管网应纳入城市市政管网规划体系。提高供热管道建设质量、运营标准和管理水平，及时办理供热管道工程项目备案，项目业主要定期做好安全检查和隐患排查，消除安全隐患。

（3）按期关停分散供热锅炉。

列入规划的热电联产项目应明确配套的分散锅炉关停计划（含热电联产区域外企业进驻工业园区相应关停的分散锅炉）以及供热用户名单。除经论证可将部分10吨/小时以上分散供热锅炉改造为应急调峰备用锅炉外，供热区域内分散供热锅炉必须在热电联产项目建成后3个月内关停，应急调峰备用锅炉须与热电联产管网连通；禁止在热电联产项目供热覆盖范围内新建分散供热锅炉和自备热电站。组织热电联产项目业主与分散小锅炉关停企业加强沟通协调，指导用热企业根据供热计划做好生产安排。

（4）切实保障天然气供应保障。

完善天然气城市管网建设，确保管网通达天然气热电联产项目的工业园区，保障热电联产项目用气。热电联产项目必须落实燃料来源，在项目实施前与资源供应方签署天然气购销合同。

（5）引导用热产业集聚发展。

积极引导现有和新增的用热企业向实现热电联产的园区聚集。充分利用热电联产项目作为工业园区基础服务设施的有利条件，吸引新增用热企业优先在热电联产范围内布局建设，鼓励现有用热企业关停分散供热锅炉搬迁入园。

2. 重点项目

根据集中供热选型评价结果，以全市经济和社会效益最大化为目标，优化分配现有、在建和规划的集中供热项目资源，可得到东莞市近期和中期的集中供热发展规模。

东莞市近期建成热电联产机组 10 个（2015—2017 年间新建/改造 9 个），总容量 5000 兆瓦（2015—2017 年间新建/改造 4260 兆瓦）；新建过渡集中供热锅炉房总容量 500～1000 吨/小时。

到中期建成热电联产机组 17 个（2017—2020 年间新建/改造 7 个），总容量 9000 兆瓦（2017—2020 年间新建/改造 4000 兆瓦）；新建分布式能源站 2～3 个，总容量 200～300 兆瓦。

东莞市主要集中供热项目见表 7-4，供热项目分布如图 7-1 所示。

表7-4　东莞市主要集中供热项目

项目类型		现有项目	近期（2015—2017年）	中期（2017—2020年）
热电联产项目	东城片区	中电新能源热电联产项目 2×200MW 燃气热电冷联产机组	东莞中电新能源天然气热电联产扩建工程项目（在中电新能源厂址扩建 2×350 MW 级燃气热电联产机组）	
	中堂片区	东莞三联热电联产项目 430MW 燃煤热电机组	东莞三联集中供热项目（根据热负荷增长情况建设 800MW 热电联产机组，过渡期利用现有热电联产机组供热）	
			中堂造纸产业基地潢涌片区热电联产项目（在潢涌片区选址新建 2×50MW 背压式热电联产机组，过渡期利用基地内现有企业富裕蒸汽供热）	

项目类型		现有项目	近期（2015—2017年）	中期（2017—2020年）
热电联产项目	虎门港立沙岛、麻涌片区		立沙岛天然气集中供热项目（将中电新能源现有2×200MW级燃气热电联产机组异地改造实施供热，过渡期在立沙岛化工基地新建1×15t/h天然气集中供热锅炉房实施供热）	中电新能源厂址扩建2×400 MW级燃气热电联产机组
	虎门、长安片区		沙角A电厂热电联产扩建工程项目（根据热负荷增长情况考虑以"上大压小"方式对现有机组进行改造，过渡期利用现有沙角A电厂二期机组供热改造实施供热）	
	高石万片区		唯美电力现有2×180 MW燃气发电机组供热改造项目	唯美电力厂址扩建2×390 MW级燃气热电联产机组
	寮松片区		通明（众明）电力现有2×180 MW燃气发电机组供热改造项目	通明（众明）电力厂址扩建2×390 MW级燃气热电联产机组
	谢岗片区		东莞谢岗天然气集中供热项目（在乐园工业园建设天然气集中供热项目，根据热负荷增长情况建设2×400 MW级燃气热电联产机组）	适时开展谢岗热电项目二期扩建工作
	樟洋片区			樟洋电力现有2×180 MW燃气发电机组供热改造，樟洋电力厂址扩建2×400 MW级燃气热电联产机组
	凤岗片区			凤岗镇红石桥工业区新建2×400 MW级燃气热电联产机组
	望洪道片区			望牛墩镇朱平沙村新建2×390 MW级燃气热电联产机组

项目类型		现有项目	近期（2015—2017年）	中期（2017—2020年）
集中供热锅炉房项目	虎门港立沙岛、麻涌片区		立沙岛化工基地1×15t/h天然气集中供热锅炉房项目	
	沙田片区		沙田镇环保专业基地3×150t/h集中供热锅炉房项目	
	东城片区		大朗镇环保专业基地集中供热锅炉房项目	
区域型分布式能源站项目	生态园片区			生态园选址新建2×50MW分布式能源站

3. 环境影响分析

经测算，按2020年规划目标，东莞全市可节能166万吨标煤，节能率（（规划实施前－规划实施后）/规划实施前）为41.5%；减排氮氧化物、二氧化硫、烟尘分别为14 241吨、26 489吨和83 881吨，减排率分别为（（规划实施前－规划实施后）/规划实施前）86.5%、98.6%和99.9%；均满足"新建项目主要大气污染物实施现役源两倍削减量替代，新增用能量实行减量替代""改扩建项目实行大气污染物等量或减量替代，用能量实行减量替代"的环评原则。

二、以区为主体的佛山市集中供热规划

（一）佛山工业园区供热发展概况

1. 佛山工业园区概况

经调查统计，佛山市禅城、南海、顺德、高明、三水五个区集中了全市27个主要工业园和产业集聚区，其中国家级高新区1个，省级开发区7个，地市（区）级产业集聚区19个（表7－5）。

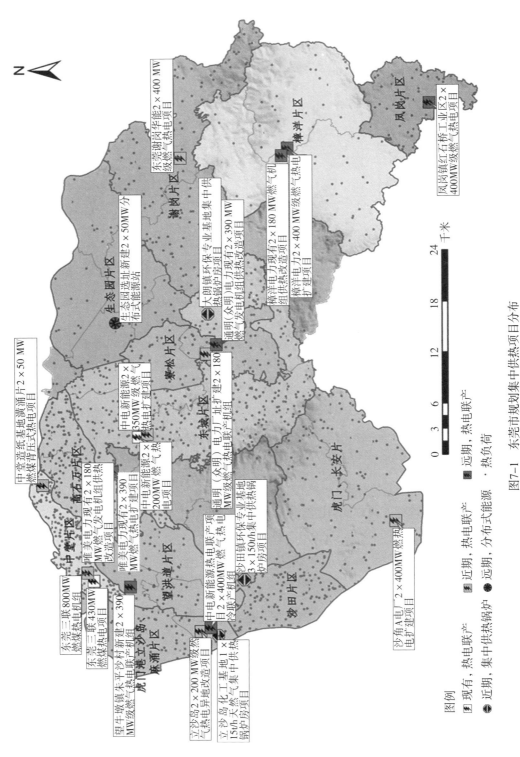

图7-1 东莞市规划集中供热项目分布

图例

■ 现有，热电联产　　■ 近期，热电联产　　■ 远期，热电联产

● 近期，集中供热锅炉　　● 近期，分布式能源

■ 远期，热电联产

■ 热负荷

表7-5　佛山市主要工业园区和产业集聚区概况

区域	序号	类型	名称
禅城区	1	国家级高新区	佛山高新技术产业开发区
	2	省级开发区	广东佛山禅城经济开发区
南海区	1	省级开发区	广东佛山南海工业园区
	2	省级开发区	广东佛山南海经济开发区
	3	产业集聚区	和桂工业园
	4	产业集聚区	南海软件科技园
	5	产业集聚区	光电显示器件产业园
	6	产业集聚区	有色金属产业园
	7	产业集聚区	三山国际物流园区
	8	产业集聚区	广东金融高新技术服务区
	9	产业集聚区	日用五金制造基地
	10	产业集聚区	纺织产业基地
顺德区	1	省级开发区	顺德科技工业园
	2	省级开发区	顺德西部生态产业启动区
	3	产业集聚区	五沙工业园
	4	产业集聚区	容桂工业园
	5	产业集聚区	顺德科技工业园
	6	产业集聚区	畅兴工业园
高明区	1	省级开发区	广东佛山高明沧江工业园
三水区	1	省级开发区	广东佛山三水工业园区
	2	产业集聚区	南山漫江工业园
	3	产业集聚区	大塘工业园
	4	产业集聚区	芦苞工业园
	5	产业集聚区	白坭工业园
	6	产业集聚区	三水中心科技工业园
	7	产业集聚区	中国（三水）国际水都饮料食品基地

2. 佛山供热发展情况

（1）供热基础。

佛山市是广东省经济发达地区，工业企业用热、用电需求大，加快佛山

111

市集中供热项目的建设，对优化区域能源结构、改善区域环境、提高能源利用效率和实现节能减排具有重要的现实意义，符合佛山市能源发展思路。

据佛山市质监局统计，集中供热规划初期全市企业自备蒸汽锅炉1214台（不包括电厂和集中供热热源点锅炉），总蒸发量约4609吨/小时，其中南海区的锅炉蒸发量最大，约占全市的44.5%。全市蒸发量10吨/小时以下的锅炉总容量约2538吨/小时，约占锅炉总容量55.1%（表7－6）。

表7－6　佛山市现有自备蒸汽锅炉基本情况

区域	台数（台）	总蒸发量（t/h）	10吨以下台数	10吨以下总蒸发量（t/h）
禅城区	105	487.5	85	136.5
南海区	750	2060.3	703	1391.3
高明区	129	1072.58	93	239.58
三水区	230	989	215	771
小计	1214	4609.38	1096	2538.38

佛山市企业自备锅炉用热最大负荷3705.8吨/小时，平均负荷2888.6吨/小时，最小负荷1867.6吨/小时（表7－7）。

表7－7　佛山市自备锅炉用热总体现状

区域	最大负荷（t/h）	平均负荷（t/h）	最小负荷（t/h）
禅城区	375.5	300.4	150.2
南海区	1719.6	1364.5	837.9
高明区	850.55	685.48	564.12
三水区	760.1	538.2	315.4
合计	3705.75	2888.58	1867.62

（2）存在问题。

一是供热集中度不高。佛山市现有的集中供热热源点为三水佳利达纺织染有限公司蒸汽分厂、三水区高顿泰集中供热锅炉、南海区长海电厂热电联产机组和南海发电一厂热电联产机组，四个热源点目前的供热量约为500吨/小时，集中供热规模仅占用热总规模的14%左右，集中供热程度较低。

二是分散锅炉管理难度大。企业采用自备小锅炉用热，要配备供热设备和能源储备场地、专门的管理人员对锅炉的运行和维护进行管理，能源购买与运输、设备运行与维护管理的成本高。目前，佛山市的部分用热企业仍位于比较密集的工业商区，有的临近居住区，分散的小锅炉存在潜在的安全隐患，加大管理难度。

三是能源利用效率低。佛山市现有的造纸、纸品、漂染、服装、建材、食品等热用户较多，目前除少量由集中供热热源点供热，大多热用户仍使用自备燃气、燃油、生物质锅炉解决用热需要，小锅炉的能源利用效率低于大型燃煤、燃气热电联产和分布式能源站的综合能源利用效率。

四是集中供热需求迫切。佛山市现有供热小锅炉脱硫、脱硝等相关减排设施配套不够完善，是环境污染物排放的一个重要来源，对市区环境影响大。《关于划定佛山市高污染燃料限制区域的通告》划定了佛山市高污染燃料限制区域。佛山市要完成全市 4 吨/小时以下（含 4 吨/小时）和使用 8 年以上的 10 吨/小时以下燃煤、燃重油和燃木材锅炉共计 1868 台锅炉的治理或淘汰工作，环境保护的任务重、压力大。广东省大气污染防治行动方案提出加大对小锅炉的整治力度，区域企业用热供应将面临较大困难，进而影响到地方经济的发展。因此，佛山市迫切需要建设新的热电冷联产、分布式能源站或其他集中供热设施实施集中供热，综合解决区域经济与环境协调发展问题，提高能源利用效率。

3. 热负荷需求

据预测，佛山市总体热负荷 2020 年最大约为 5908 吨/小时、平均 4579.6 吨/小时、最小 2759 吨/小时（表 7 - 8）。

表 7 - 8　2015 年供热区域用热（冷）负荷及 2020 年预测

项目	2015 年（t/h）			2020 年（t/h）		
	最大	平均	最小	最大	平均	最小
1. 禅城区	325.1	259.6	129.8	138	104.8	52.4
2. 南海区	2322.2	1758.59	1013.36	2599.4	2100.31	1106.72
南海西樵纺织产业基地	646.60	416.59	175.46	923.80	758.31	268.82
南海一厂周边区域	471.1	376.9	235.6	471.1	376.9	235.6
其他区域	1204.5	965.1	602.3	1204.5	965.1	602.3

续表 7 - 8

项目	2015 年（t/h）			2020 年（t/h）		
	最大	平均	最小	最大	平均	最小
3. 高明区	980.55	788.19	622.26	1142.05	942.40	723.38
沧江工业园及周边产业集聚区	824.15	653.39	510.26	968.95	795.70	601.58
其他区域	156.40	134.80	112.00	173.10	146.70	121.80
4. 三水区	983.1	663.3	411.3	2028.6	1432.1	876.5
北部片区	411.6	284.5	158	823.8	573.2	323.3
中部片区	178.6	143.3	108.1	459.7	351.1	239.8
南部片区	392.9	235.5	145.2	745.1	507.8	313.4
合计	4610.95	3469.68	2176.72	5908.05	4579.61	2759

（二）佛山集中供热规划总体要求

全面贯彻落实科学发展观和节能减排目标，按照建设资源节约型、环境友好型社会的要求，坚持集中供热工程建设适度超前的原则，科学预测佛山市的用热（冷）需求；结合佛山市的资源与建设条件，合理选择热源；严格按照供热距离要求，合理划分用热区域，统筹规划布局热源点与热网；加快推进热电联产工程建设，完善佛山市的基础设施建设，提高佛山市招商引资吸引力；改善生态环境，建设民富市强的幸福佛山。

（1）集中供热规划应符合国家和省有关集中供热、热电联产和分布式能源政策并与城市建设总体规划相衔接，符合佛山市区产业发展方向与布局，集中供热项目建设要坚持适度超前原则。

（2）热负荷预测要着重考虑佛山市区工业园区和产业集聚区工业发展的用热需要，兼顾城区公建、商业用热、发展蒸汽制冷。

（3）热源点与热网方案要技术先进、经济合理、安全适用，并注重美观，老厂改造与新建热源点相结合。既要实事求是，又要为今后发展留有余地；既要与供热区域的性质、规模、发展方向和目标相适应，又要与区域内其他基础设施相协调；热源、热网布置要因地制宜，充分利用现有设施，合理安排，节约投资，提高经济效益。

（4）根据热负荷的分布情况，供热热源的设置尽量靠近热负荷中心，为满足热负荷近期及发展的需求，按照国家有关节约能源的政策，确定区域性集中供热热源点。热源点要布局合理，分期实施。同时，对规划热源点尽量选择高参数、大容量、高效率的机组和设备。

（5）热网的布置应在城市建设规划的指导下，考虑热负荷分布、热源位置，与各种地上、地下管道及构筑物、园林绿地的关系和水文、地质条件等多种因素。供热管网采用多分支树状结构。热网干管的敷设，按一次规划、分步实施的原则安排。热网蒸汽管道可沿绿化带架空敷设或直埋，敷设永久性构筑物上时，管道应与构筑物同步敷设。城市道路上的热网管道一般平行于道路中心线，并应尽量敷设在人行道外侧的地方，一般情况下同一条管道应只沿道路的一侧敷设；供热管网应随热负荷的发展分期建设；地上敷设的城市热网管道可和其他管道敷设在一起，但应便于检修，且不得架设在腐蚀性介质管道的下方，要保持一定的距离。

（6）集中供热规划宜十年左右进行一次调整。当调整、修改城市总体规划时，集中供热规划也要作相应的调整。

（三）佛山集中供热方式选择路线

1. 燃料选择

根据《佛山生态市建设规划（2012—2020年）》《佛山市"十二五"环境保护和生态建设规划》的总体定位，打造"先进制造基地、产业服务中心、岭南文化名城、美丽幸福家园"，以节能减排、生态市创建为抓手，发展生态经济、改善生态环境、培育生态文化，促进佛山经济—环境—社会复合生态系统全面、协调、可持续发展。基于佛山市环境保护的要求，《佛山市天更蓝三年行动计划》已经提出加快燃煤、燃重油小锅炉淘汰、清洁能源改造和整治。煤炭和油品等高污染能源的使用将受到严格的控制。

若采用电能作为供热能源，电价偏高，会造成运行费用偏高。佛山市电力供应相当一部分来自省网，已存在一定电力缺口，而且电力已是二次能源，会增加能源转换的损失。

太阳能储存比较困难，如遇阴天或降雨雪天气则无法正常工作，无法作为集中供热的主要能源供给，且规划主要为工业用户提供集中供热，供热介质为蒸汽，而根据现有技术水平，依靠太阳能直接制备稳定的蒸汽尚有难度，因此采用太阳能作为规划集中供热的能源也不适合。

佛山市生物质能其产能有限，按照佛山市生物质燃料年产量将远远无法满足集中供热热源的能源需要。

天然气相对其他传统能源具有高效、清洁低排放、环境友好等特点。天然气热电冷联产、天然气分布式能源站是指利用天然气为燃料，通过冷热电三联供等方式实现能源的梯级利用，综合能源利用效率在70%以上，是天然气高效利用的重要方式。天然气分布式能源站在负荷中心就近实现能源供应，减少能量传输的损失，是当今世界高能效、高可靠性、低排放的先进的能源技术手段，被各国政府、设计师、投资商所采纳。随着佛山市天然气高压环网的逐步完善，全市的天然气供应将逐步增加，天然气供应有保障。

佛山市近期新上天然气热电联产、分布式能源站项目包括南海区的扩建与高明区新建 9F 改进型燃气热电联产机组、三水区新建 3×59 兆瓦、2×40 兆瓦分布式能源站，建成投产后年耗天然气量分别为 8.94 亿立方米、9.39 亿立方米、2.18 亿立方米、1.09 亿立方米，全部达产年总耗气量 21.6 亿立方米。建议及时与天然气供应商和各级天然气管网公司沟通，保证新建、扩建项目的天然气供应。

2. 机组选型

贯彻"热电联产，以热定电"的原则，根据全年热负荷曲线与供热机组的特性，在保证对外供热的前提下，供热机组选型应考察其技术的先进性、产品的成熟性和稳定性。主机选型的主要原则如下：

（1）机组容量应该满足现有及近期热负荷的需求。

（2）应综合考虑供热的安全性、稳定性、可靠性，机组调节的灵活性，技术上的先进性、经济上的可行性。

（3）根据《广东省发展改革委关于印发推进我省工业园区和产业集聚区集中供热意见的通知》合理选择建设规模，优化系统配置，燃气热电联产项目和燃气分布式能源站项目热电比不低于 50%、能源综合利用效率不低于 70%；燃煤热电联产项目热电比不低于 60%、能源综合利用效率不低于 65%。

（4）由于天然气价格较高，分布式能源站应尽可能选用高效率的燃气 – 蒸汽联合循环机组，以充分利用能源，降低供热、供电价格。

（5）选择先进、成熟的标准系列产品，具有高的可靠性及可用率，努力提高设备的国产化率，降低初投资以及日后运行成本。

（6）能满足环境保护要求的低氮氧化物排放和低噪音。

（7）具有较佳的技术优势和价格优势。

（8）有利于分期建设。

3．重点项目

佛山市近期规划集中供热项目共 6 项，其中改造、新建热电联产项目 3 项，新建分布式能源项目 3 项。2020 年规划集中供热项目共 14 项，其中扩建、新建热电联产项目 6 项，扩建、新建分布式能源项目 8 项。具体见表 7-9。

表 7-9　佛山市集中供热热源点规划布局及建设进度总体情况

项目	区域	所在片区	现有热源点	近期 2015 年	中期 2020 年
热电联产机组	广东西樵纺织产业示范基地片区	南海	长海电厂：5 台 130 t/h、1 台 220t/h 燃煤锅炉及 1 台 670t/h 燃煤/水煤浆锅炉，配套 4 台 25MW、1 台 50MW 抽汽凝汽式汽轮发电机组，1 台 75MW 的抽汽背压汽轮发电机组	扩建两台 9F 改进型燃气热电联产机组	
	南海区西樵镇新田	南海	南海电厂：2 台 300MW 的燃煤热电联产机组		
	沧江工业园及周边产业集聚区	高明		新建 2×9F 改进型级燃气热电联产机组	扩建两台 9F 改进型燃气热电联产机组
	大塘工业园	三水	佳利达：4 台 6MW 发电机组，其中 1 台为抽凝式，3 台为背压式；锅炉 5 台，总容量 335t/h		
	白坭工业园	三水		恒益电厂 2×600MW 发电机组供热改造	
	狮山镇	南海			新建 2 台 9F 改进型燃气热电联产机组

续表 7 - 9

项目	区域	所在片区	现有热源点	近期 2015 年	中期 2020 年
热电联产机组	里水镇	南海			新建和顺工业园 3 台 6F 燃气热电联产机组； 新建里水南部工业集聚区 2 台 6F 的燃气热电联产机组
	大沥镇	南海			新建 2 台 6F 的燃气热电联产机组
	东南片区	顺德	佛山市顺德五沙热电有限公司 2 × 300MW 热电机组	现有燃煤热电联产机组完成脱硫、脱硝和高效除尘的"超洁净排放"改造	
	均安片区	顺德			新建 2 台 9F 改进型燃气热电联产机组
分布式能源站	大塘工业园	三水			新建 130MW 天然气分布式能源站规模
	南山漫江工业园	三水			A 区：新建 100MW 天然气分布式能源站；南区：新建 200MW 天然气分布式能源站
	三水中心科技工业园	三水		新建 3 × 59MW 天然气分布式能源站	扩建 3 × 59MW 天然气分布式能源站
	中国（三水）国际水都饮料食品基地	三水		新建 2 × 40MW 天然气分布式能源站	扩建 2 × 40MW 天然气分布式能源站

续表 7 - 9

项目	区域	所在片区	现有热源点	近期 2015 年	中期 2020 年
分布式能源站	大数据产业园	三水			新建 130MW 天然气分布式能源站
	禅城区	禅城			小型分布式能源站
	杏坛片区	顺德		新建 3 × 59MW 天然气分布式能源站	扩建 3 × 59MW 天然气分布式能源站
集中供热锅炉	大塘工业园	三水	佳利达：已建设 2 台 60t/h 中温中压循环流化床锅炉替代导热油炉（一用一备），原有 265t/h 集中供热锅炉		
	中国（三水）国际水都饮料食品基地	三水	高顿泰 60t/h 集中供热锅炉		
	均安片区	顺德	佛山市顺德区世源热能有限公司 2 台 15t/h 燃煤锅炉，1 台 35t/h 循环流化床锅炉，1 台 75t/h 循环流化床锅炉		
	杏坛片区	顺德	金丰热能有限公司一期工程为 2 台 75t/h 锅炉，配套 2 台 12MW/h 汽轮式发电机		

4. 保障措施

（1）近远结合、合理布局、方案可靠、分步实施。未来，佛山市解决工商业用热、用冷问题，近期应优先在热负荷较集中、条件成熟地区先合理布局集中供热热源。热源的方案应根据区域现有热负荷特点、未来热负荷发展、集中供热热源建设条件、热用户承受能力等多个方面，综合考量技术方案的合理性、可操作性以及科学性。供热技术方案的选取可考虑选择单一供热方式或者多种供热方式的组合，以满足区域热负荷需求，同时实现能源的梯级、高效利用和环境友好。

（2）积极吸引各类投资主体参与集中供热建设中。建议佛山市可通过规划、政策和标准的引导，发挥市场配置资源的作用，从而鼓励通过合同能源管理等多种方式，吸引国有、民营、外资企业等各类投资主体参与集中供热项目建设，鼓励热用户共同参与供热管网建设。

（3）更加注重区域环境保护和污染物治理。佛山位于珠三角地区经济与产业发展的核心区域，热电联产、分布式以及集中供热锅炉的技术方案应着重考虑技术先进的环保技术，确保新建集中供热热源在大气、水环境等方面的污染物排放达到国家、省对重点地区大气污染物排放相关标准要求。建议在佛山市不再新建以煤炭为燃料的集中供热方案，以燃气为燃料的集中供热方案也应该同步安装烟气脱硝装置，加强氮氧化物的治理。

此外，在新建集中供热热源的同时，应加强对替代小锅炉的关停工作推进，以确保污染物减排的落实。

（4）统筹协调园区供能规划。建议政府在做好供热规划的基础上，把供热和城市建设纳入有序轨道，编制园区集中供热（热电联产）规划，并与园区发展规划、土地利用总体规划、市政建设规划相衔接，提前规划未来各主要供热片区（园区）用能的发展与重点，做到规划在先。同时，加快向佛山市各主要供热片区供气的天然气管网建设。

（5）加快完善价格形成机制，加大财税支持力度。构建集中供热以市场化为主、扶持措施为辅的综合定价机制，涵盖热价和税费扶持等，进一步规范供热价格管理，合理地测算供热成本并制定分类热价，建议制定本市集中供热指导价，并建立合理的调整机制，集中供热企业和热用户根据指导价协商确定供热价格。

在加强税收征管的前提下，制定鼓励集中供热的税收政策；按照"企业承担为主，政府适当补助"原则推动小锅炉加快关停；拓展金融支持集中供热和关停淘汰小锅炉的渠道，探索将园区供热特许经营权益纳入贷款抵（质）押担保物范围。对于相关政策的修订，尤其是具体到税收减免、财政补贴、贷款优惠等，由于涉及不同的部门，这就需要在统一组织下，相关单位做好协调工作。

第二节 化工产业园区供热规划：
广州黄阁、珠海高栏、东莞麻涌

一、广州南沙黄阁工业园热电联产规划

（一）黄阁工业园概况

南沙开发区的建设是广州市城市发展规划中"南拓"战略的重要组成部分，是广州市工业与居住区发展的战略重点。优越的地理位置，决定了南沙将是未来珠江三角洲乃至全省新的经济增长点和穗港两地经济合作的重要区域。根据"广州市国民经济和社会发展'十一'五规划"，南沙开发区的发展目标是："以南沙区中心为核心，依托广州港南沙港区、临港工业区、黄阁工业区和蕉门水道一河两岸的中心生活服务区，重点发展汽车、造船、钢铁、石化等临港工业和高新技术产业，以及以现代物流业为龙头、服务珠江三角洲和东西两翼的高端服务业，逐步建成人口、资源、环境和经济协调发展的现代化滨海新城。"

实行集中供热符合国家的能源政策，能有效提高资源利用效率，节约土地和能源；有利于实现污染源的集中治理，减少污染治理投资和减轻区域污染负荷；有利于加快基础设施建设，完善区域投资环境，减少区域内招商引资项目的一次性投资，缩短建设周期。随着南沙开发区工业项目的不断发展，要保证"工业与居住两适宜"的区域建设目标的实现，达到经济、社会、环境的协调发展，就有必要加快南沙开发区集中供热发展的步伐。

（二）用热需求特点

按地理位置划分，黄阁地区热负荷主要集中在三个区块，分别为小虎岛、黄阁北工业园区及商业办公区。

1. 小虎岛

小虎岛用热负荷可分为南部的生物精细化工区和北部的汽配工业园区。

小虎岛北部汽配工业园暂无用热负荷。小虎岛生物精细化工区现已投产的企业用汽情况是：已建有小锅炉的企业有 9 家，共装设分散供热锅炉 13

台，锅炉生产蒸汽能力在 2～10 吨/小时。

其中，瑞典龙沙项目广州龙沙有限公司用热负荷最大，其主要产品为烟酰胺，生产能力为 9000 吨/年，其平均用热负荷为 16 吨/小时，最大用热负荷为 20 吨/小时。蒸汽压力为 0.9 兆帕，蒸汽温度为 250 摄氏度。

建滔（番禺）化工有限公司用热负荷也较大，其工厂占地面积 5.53 万平方米。该公司主要生产过氧化氢和甲醛，工厂采用连续生产方式，建有 10 吨/小时燃煤锅炉 1 台，锅炉生产蒸汽供应生产过程的工艺用热。用热温度 130 摄氏度左右，压力 0.7 兆帕，最高用热负荷 10 吨/小时，生产线开车投料用热达到最高负荷，正常生产后，一天中其余时间保持 8 吨/小时。在一年 12 个月份中，7—12 月用热处于最高负荷；1—4 月用热处于正常水平，约为最高负荷的 80%；5—6 月用热处于最低负荷，约为最高负荷的 50%。

目前生物精细化工区内 9 家企业最大热负荷合计为 66.2 吨/小时，平均热负荷 54.5 吨/小时。

2. 黄阁汽车城

黄阁汽车城现有广州丰田汽车项目和区内其他汽配企业。

广州丰田汽车有限公司丰田汽车项目包括发动机和整车制造。其中在发动机生产方面，一期年产 30 万台发动机项目已投产下线并出口，年产 20 万台的二期项目投产总规模达 50 万台/年；在整车制造方面，首期年产 10 万辆的整车项目已投产。

从丰田汽车项目用热设备情况可以看出，现阶段设备最大热负荷约为 97 吨/小时，生产热负荷为 63 吨/小时。此外，为丰田汽车配套的多家配件企业目前的用热负荷约为 9 吨/小时。

综合黄阁地区用热现状情况，黄阁地区现有热负荷 138 吨/小时，其中小虎岛 66 吨/小时，黄阁汽车城 72 吨/小时。

（三）热电联产规划方案

目前向黄阁地区供汽的黄阁热电厂，其厂址位于南沙开发区黄阁镇新海村，一期总规模为 2×180 兆瓦，可提供供热蒸汽 240 吨/小时及制冷蒸汽 64 吨/小时，合计供热负荷为 304 吨/小时。该热电厂 2×180 兆瓦燃气－蒸汽联合循环机组进汽、用汽量等情况详见表 7－10。

表 7 - 10　黄阁热源额定工况蒸汽平衡表

项目	余热锅炉产汽 (t/h)		汽轮机进汽 (t/h)		汽轮机抽汽 (t/h)	补水除氧用汽(t/h)	对外工业供汽 (t/h)	对外制冷供汽 (t/h)	机组发电量 (MW)
参数	5.8 MPa 530℃	0.6 MPa 253℃	5.6 MPa 527℃	0.5 MPa 251℃	1.275 MPa 300℃	0.5 MPa 251℃	1.275 MPa 300℃	0.5 MPa 251℃	燃机：2×118.9 汽机：2×45.93
数值	2×183	2×31	2×183	2×23.5	2×60	15	2×60	2×16	118.9+43.75 = 157.7

根据热负荷需求预测，黄阁地区 2020 年用热负荷将达 906 吨/小时。由于目前黄阁地区热负荷增长迅速，黄阁热电厂 2×180 兆瓦燃气－蒸汽联合循环机组已经无法满足热电厂范围内热负荷的需要。为满足黄阁地区热负荷的需求，建议继续扩建黄阁热电厂二期 2×300 兆瓦燃煤热电联产机组。

二、珠海市高栏港经济区热电联产规划

（一）高栏港经济区概况

高栏港经济区位于珠海市西南端，距珠海市区 50 千米，由南水和高栏两个半岛以及荷包、大杬岛等 10 多个海岛组成。北至南水沥、十字沥，南至高栏岛南迳湾，西至大杬岛、荷包岛，东至鸡啼门水道。高栏港经济区是依托华南沿海主枢纽港高栏港而设立的园区，开发总面积 380 平方千米，是国家发改委核准的省级经济开发区。高栏港口岸为国家一类对外开放口岸，拥有珠江三角洲最大吨位的液体化工品码头泊位和建设 30 万吨级石化大码头的良好自然条件，主航道距国际航道（大西水道）－27 米等深线仅 11 千米，并可通过粤西沿海高速公路、高栏港高速、广珠铁路等组成的港口集疏运体系与珠三角地区形成 2 小时经济圈。全区首期开发面积为 183 平方千米，规划控制面积为 330 平方千米。

（二）用热需求分析

高栏港经济区用热企业自备锅炉总计 101 台，扣除 12 台导热油炉后，锅

炉铭牌蒸发量总容量为939.6吨/小时。其中，42家现有用热企业，13家在高栏石化区，计有锅炉33台，扣除导热油炉后锅炉铭牌蒸发量总容量为622.72吨/小时；23家在南水精细化工区，计有锅炉46台，扣除导热油炉后锅炉铭牌蒸发量总容量为188.88吨/小时。其余6家企业有2家位于平沙镇，4家位于高栏港仓储区，计有锅炉22台，扣除导热油炉后锅炉铭牌蒸发量总容量为128吨/小时。

1. 珠海市成城沥青有限公司

珠海市成城沥青有限公司是成城集团在珠海投资设立的以石油化工项目为主的子公司，一期占地24万平方米，项目总投资6.45亿元，是以重质燃料油为原料加工生产重交道路沥青及改性沥青，年加工能力达100万吨。二期项目总投资30.8亿元，将新建100万吨/年重油制烯烃芳烃项目及精细化工产品。

该厂在建当中，一期计划锅炉2台，总额定蒸发量24吨/小时。用热蒸汽压力1.0兆帕，用热温度300摄氏度。用热生产工艺为沥青拌热。预计企业产品生产旺季为12月—次年2月，淡季5—10月，年生产天数333天，全天24小时三班制连续生产。用热最高负荷12吨/小时，平均负荷10吨/小时，最小负荷8吨/小时。据调研了解，企业未来二期视乎市场动向再作投产打算。

2. 长兴化学材料（珠海）有限公司

长兴化学材料（珠海）有限公司位于珠海市临海工业区高栏石化区碧阳路，面积9.66万平方米，生产高性能光固化涂料材料及其加工制品。

该企业现由珠海新源热力有限公司输热，原有2台额定蒸发量5吨/小时重油锅炉已报停。最高热负荷达10吨/小时，最小热负荷达3吨/小时，用热温度160摄氏度，压力0.68兆帕，用热工艺为单体加热和溶剂回收。企业生产旺季为4—12月，淡季为1—3月，一天24小时三班制连续生产，除去检修时间，一年约有355天生产时间。据调研了解，由于市场反应良好，企业打算未来增加2条生产线扩大生产。

3. 珠海卡德莱化工有限公司

珠海卡德莱化工有限公司位于高栏石化区，该企业完全采用美国卡德莱公司的独有技术生产环氧树脂及相关产品的新建企业。主要为环氧市场提供了一系列基于腰果壳提取物改性的酚醛胺环氧固化剂，反应型改性物和树脂，年生产总量达 1 万吨。

该企业现有 2 台额定蒸发量 5 吨/小时柴油锅炉，1 台额定蒸发量 0.6 吨/小时柴油锅炉，1 台额定蒸发量 0.47 吨/小时柴油锅炉，1 台额定蒸发量 0.35 吨/小时柴油锅炉。最高热负荷达 8 吨/小时，最小热负荷达 3 吨/小时，用热温度 175 摄氏度，压力 0.9 兆帕，用热工艺为加热反应釜直接用于生产。企业生产旺季为 1 月、3—12 月，淡季为 2 月，一天 24 小时三班制连续生产，除去检修时间，一年约有 360 天生产时间。据调研了解，由于市场反应良好，且厂区留有 1 万平方米空地，企业未来有增产打算。

4. 珠海宝塔石化有限公司

珠海宝塔石化有限公司位于珠海高栏港经济区石化基地，工程占地约 12.8 万平方米。该项目以重油催化裂化装置为核心，总投资 13 亿元，生产重油催化裂解得成品油、石油液化气、硫磺、建筑材料及其石油化工产品。该企业一期年产量 150 万吨，二期投产后年产总量达 600 万吨。

该企业计划用热平均热负荷达 35 吨/小时，用热温度 200 摄氏度，压力 1 兆帕，用热工艺为换热设备。企业生产不分淡旺季，一天 24 小时三班制连续生产，计划一年有 333 天生产时间。据调研了解，企业视乎市场需求及企业发展再作扩产和扩建的打算。

5. 长兴化学工业有限公司

长兴化学工业有限公司位于广东珠海南水精细化工区，主要产品为合成树脂，2009 年生产规模达到 7 万吨。

该企业现有 2 台额定蒸发量 6 吨/小时柴油锅炉，2 台额定蒸发量 4.18 吨/小时柴油锅炉，1 台额定蒸发量 4.94 吨/小时余热锅炉。热负荷波动稳定，最高热负荷达 4 吨/小时，平均热负荷达 2.5 吨/小时，最小热负荷达 1 吨/小时，用热温度 183 摄氏度，压力 0.85 兆帕，用热工艺为蒸汽加热物料反应。生产旺季为 7—12 月，淡季为 1—6 月，一天 24 小时三班制连续生产。每年生产天数 340 天。据调研了解，企业 2015 年年产量达 83 000 万吨。

（三）热电联产规划方案

根据对开发区各企业用热负荷的调查和预测，高栏港经济区用热负荷主要为工业用汽，占热负荷的 95%，是典型的工业区，非常适合热电联产、集中供热的能源供应方式。

根据高栏港经济区的产业布局和热负荷的分布情况并考虑经济合理的供热管网半径，热源点的选择本着统一规划，合理布局，强调集中，靠近大户，优先近期用户，照顾远期用户。同时把改善环境和满足集中供热作为热源点选择的综合目标。在考虑了建设用地、燃料运输，供水条件，电力送出和供热范围等条件下确定：建设 2 台 390 兆瓦级燃气蒸汽联合循环机组。

根据燃料选择分析，从珠三角地区环境保护角度看，热电联产机组燃用天然气是清洁燃料，可提高效率、保护环境。根据广东省近期一次能源的结构，高栏港经济区热电联产机组的原料供应按天然气考虑。

依托珠海 LNG（液化天然气）项目，配合荔湾 3-1 气田登陆，中海油总公司在珠海高栏港分别建设 LNG 接收站终端和海气上岸海管陆地终端，为高栏港经济区天然气集中供热工程提供良好的气源保障。

从一次能源的利用效率看，高栏港经济区热电联产项目全厂热效率达 66.5%，热电比 44.4%，高于《热电联产项目可行性研究技术规定》中规定的指标，在提高能源效率，减少污染排放，节约能源方面效果显著，社会效益明显。

三、东莞市麻涌油脂产业集聚区集中供热规划

（一）麻涌油脂产业集聚区概况

东莞市粮油产业集聚区主要分布于虎门港、麻涌片区，目前已经聚集发展福满多食品、飞亚达益富可华南油脂、海大饲料、凯希粮油、金钱饲料、益海（东莞）油化、嘉吉饲料蛋白、嘉吉粮油、中储粮油脂、中粮新沙粮油等国内外大型粮油加工企业，是我国南方重要的粮油加工与储运基地。

（二）用热需求特点

集中供热规划初期，麻涌片内用热较集中区域共有 53 家企业有自备锅炉，锅炉数量 74 台，总蒸发量为 707.9 吨/小时，锅炉等级为 1～35 吨/小时，基本以燃煤和燃油为主，纺织、化工、纸业三个行业用热约占 70% 以上，基本上采用连续生产方式。初步统计，现有热负荷最大 542 吨/小时，平均 419.9 吨/小时，最小 270.5 吨/小时。具体如下：

（1）中纺粮油项目规划选址于沙田镇泥洲岛，总投资 128 亿元，项目园

区用地面积 1267 亩，其中码头 500 亩，加工及物流区面积 700 多亩。园区设计年总加工能力将达到 240 万吨，其中油脂生产加工区 120 万吨/年，食品生产加工区 50 万吨/年，米面生产加工区 46 万吨/年，饲料生产加工区 24 万吨/年。

（2）中粮粮油项目规划选址于麻涌镇漳澎村新沙工业园，项目总投资额约为 69 亿元，占地约 65.27 公顷（不含码头用地），采取一次规划、分期建设的模式，投资建设的油料压榨、油脂精炼、大米加工、面粉加工、淀粉糖加工、饲料加工以及粮油产品贸易等项目。园区设计年总加工能力将达到 570 万吨，其中油料压榨约 240 万吨/年，油脂精炼约 100 万吨/年，棕榈油分提约 60 万吨/年；小包装罐装约 52 万吨/年，淀粉糖加工约 20 万吨/年，稻谷加工约 10 万吨/年，小麦加工约 66 万吨/年，饲料蛋白加工约 24 万吨/年。

中纺粮油项目和中粮粮油项目的用热工艺为油脂生产加工、食品生产加工、米面生产加工、饲料生产加工的保温、蒸煮、烘干、消毒等工序，用热需求均为最大 100 吨/小时，平均 75 吨/小时，最小 50 吨/小时，用热参数为 0.6～1.0 兆帕、170～200 摄氏度。

（三）集中供热规划方案

规划在麻涌镇选址新建 2×390 兆瓦级燃气热电冷联产机组，过渡期利用广州恒运电厂新建管道对外供应，实施集中供热。集中供热蒸汽管道从恒运集团的电厂接出，经广州经济技术开发区敷设至东江，利用东江公路桥跨越东江后沿新沙铁路专线东侧敷设至麻涌河，利用麻涌河铁路桥跨越麻涌河后继续向南敷设至东莞市麻涌镇新沙工业区，沿途至 19 家热用户。项目设计的主管管径为 DN700，采取双管制运行，主管道总平面长度约 12 千米，最大供热能力为 506 吨/小时。项目计划总投资约 4.47 亿元人民币。

项目建成后可替代新沙工业区内的 25 台分散小锅炉，大大降低了麻涌镇的污染物排放，初步估计每年可减少二氧化硫排放量 3000 吨、氮氧化物排放量 862 吨、烟尘排放量 300 吨。本项目是广州市和东莞市珠三角协同治污的典范，两地企业利用各自的优势实现资源共享，提供能源利用效率，实现区域减排。

第三节　纺织工业园区热电联产规划：
佛山西樵、中山三角、广州新塘

一、佛山市西樵纺织产业基地热电联产规划

（一）西樵纺织产业基地概况

广东西樵纺织产业基地始建于 1999 年，规划面积为 5.93 平方千米，是广东省的纺织产业示范基地，也是中国纺织工业协会命名的"中国流行面料工程南方产业研发基地"。经过 20 多年的发展，纺织基地已经形成了结构布局合理、服务功能先进、基础设施完善的专业工业园区。良好的投资环境促进了招商引资，吸引了大批纺织服装企业、纺织机械企业、新材料生产企业等前来投资设厂，为完善西樵纺织产业链、打造西樵纺织品牌、促进产业升级增添了强劲的外源动力。目前，基地引进企业 80 多家，超亿元企业 10 家，就业人员超过 1 万人，生产总值超 100 亿元。

纺织工业是纺织基地的主要支柱产业，其产值约占纺织基地工业总产值的四分之一。目前，基地内已投产企业 69 家，涵盖了纺织印染、机械制造、家具制造、塑料制品制造、包装材料、陶瓷、火电厂等行业，形成了多种行业繁荣的局面，其中纺织印染企业 33 家。

纺织基地从 2005 年开始就将发展循环经济作为基地建设的重要内容，确定了统一供热、统一供水、统一污水处理（治污）的"三统一"发展基地循环经济规划。统一供水、统一供气、统一污水处理三大主体工程已陆续投入运作，企业开始获得效益。2006 年 8 月经广东省人民政府同意批准，纺织基地成为广东省第一批循环经济试点园区，根据循环经济试点实施方案正式启动了循环经济工业园的创建工作，几年来已经完成了实施方案规定的各项任务，并进一步提出"六统一"的发展思路，即统一供热、统一供电、统一供水、统一治污、统一物流、统一信息交流平台，为进一步深化园区循环经济建设奠定了良好的基础。西樵基地内环保基础设施的建设项目包括长海发电厂的热电联供项目、鑫龙工业废水处理厂项目、人工湿地项目、裕泉自来水厂统一供水项目以及生活污水处理厂项目，这些项目大大提高了纺织基地在

节约能源、减少污染、保护环境方面的能力。

（二）用热需求特点

西樵纺织工业基地大部分已经由长海电厂集中供热，供汽管网于 2007 年 4 月开始向产业基地企业供热，目前用汽企业 56 家，现阶段由企业自身锅炉供汽，待供热管网建成后纳入集中供热范围的用汽企业 9 家。目前，工业园区还有 16 家企业 20 多台小锅炉运行，16 家用汽企业的锅炉总容量达到 134 吨/小时。

（三）集中供热规划方案

1. 集中供热政策

根据《南海区在用锅炉污染物排放综合整治工作方案》（南节减办〔2010〕13 号）要求，南海区现有 4 蒸吨/小时以下（含 4 蒸吨/小时）以及至 2010 年 9 月 30 日前使用达到 8 年或以上的 10 蒸吨/小时以下的 475 台燃煤锅炉在 9 月 30 日前完成淘汰工作，至 9 月 30 日仍未达到 8 年使用时间的 10 蒸吨/小时的燃煤锅炉，在日后使用过程中一达到 8 年使用年限，须按要求淘汰。同时，根据《关于西樵镇集中供热（蒸汽）规划区域内在用锅炉综合整治的批复》，原则同意集中供热区域内在用锅炉于 2011 年 6 月 30 日前全面淘汰，在用锅炉的企业必须于 2010 年 8 月 30 日前与供热企业签订用汽协议。广东省经贸委专门下拨技术创新资金 300 万元给西樵纺织产业基地，支持推行循环经济；南海区政府对热电联供项目给予大力支持，同意申报西樵纺织产业基地供热扩能。在循环经济试点工作中，争取由国家发改委和国家环保总局联合在西樵纺织产业基地组织产业升级和"三统一"工程的总结验收；积极争取上级政府部门能在政策、专项资金、银行融资、技改设备进口等方面予以减免税的大力支持。

为推进循环经济工作，西樵镇委镇政府对从人、财、措施上都给予大力的支持，在前期投入 5000 多万进行基础设施，如管网铺设、土地征用等方面，继续投入 2000 多万进行基础设施建设。在环境监管、环境教育等加强产业基地以及西樵镇环境管理的措施方面也将拨出专款予以支持。

南海区环保局专门在西樵成立环境监察中队和环境监测分站，为西樵特别是纺织产业基地的环保执法和实现污水统一处理提供了有力的保障；产业基地周边的村委会和村民，积极提供土地资源，支持"三统一"工程的管道铺设和沿途设施建设，为"三统一"工程的实施提供了绿色通道。今后产业基地和西樵镇政府各部门将在循环经济试点工作中密切配合，围绕试点目标的实现相互支持、群策群力，为全面改善西樵镇、产业基地的生活以及产业发展环境提供决策方面的支持和快捷有效的服务。

2. 集中供热项目概况

目前向纺织产业基地供热企业为佛山市南海景隆投资控股有限公司（下称"景隆公司"）属下南海长海发电有限公司（下称"长海电厂"）。长海电厂从事发电行业生产已有近 30 年，实行对外供热（蒸汽）也有 10 多年。长海电厂现有 5 台 130 吨/小时、1 台 220 吨/小时、1 台 670 吨/小时燃煤/水煤浆煤粉锅炉，其配套的 4 台 25 兆瓦、1 台 50 兆瓦抽凝式轮发电机组及 1 台 75 兆瓦的抽汽背压汽轮发电机组均是广东省经信委认定的热电联产机组，向广东电网公司输送电力，为西樵纺织产业基地"三统一"工程中"统一供汽"的唯一集中热源供应点。

长海电厂与西樵政府签订园区 30 年的供汽专营权，由政府提供园区蒸汽管道建设的通道，并协调管理园区用汽企业出现的各种问题。主蒸汽管道由长海电厂出资建设，部分用汽企业根据现场情况通过合作方式建设供汽支管，并通过优惠汽价方式返还用汽企业的出资。目前，长海电厂向产业基地片区敷设供热管网超过 50 千米，供汽管径统一采用 DN400 钢管（带隔热、保温），最大流量 400 吨/小时，供蒸汽温度为 320 摄氏度，用户端蒸汽压力为 0.6～0.9 兆帕，温度为 220～260 摄氏度，供汽半径达 10 千米。在产业基地南方印染厂内设置集中供热主控制室，对工业园各企业进行集中供热，同时视情况建造蒸汽集中制冷系统。供汽管网于 2007 年 4 月开始向产业基地企业供热，目前供热用汽企业超过 50 家，拟用汽企业 20 多家。产业基地的总规划用汽量达 600 吨/小时以上，加上周边村委企业及景隆公司引进外资企业用汽，长海电厂今后总热负荷最大将可达 900 吨/小时左右。

负荷波动特性方面，月波动：热负荷波动与纺织企业的旺、淡季有关，旺季出现在 4—6 月份，淡季出现在 10—12 月份，淡季为旺季的 70%；日波动：时段波动，峰期出现在早上 9:00 至 11:30、下午 14:00 至 16:00，基本与用户用电的峰谷时段有关，热负荷波动超过 30%。

项目规划方面，西樵纺织产业基地在创建规划中已确定对进园企业实行统一供汽，坚决取缔自建供热小锅炉。根据国家行业标准《城市热力管网设计规范》，结合规划用地情况确定规划工业建筑用汽量指标为 1.5 吨·小时/公顷。规划工业用地为 830.75 公顷，则园区远期蒸汽量 900 吨/小时以上。由于长海电厂现时部分运行的燃煤机组无法满足城市化进程和环保的要求，且该部分机组已运行 20 多年，逐步达到其设计使用寿命，因此蒸汽汽源点规划主要内容就是长海电厂根据国家上大压小的有关政策，退运 2 台 25 兆瓦和 1 台 50 兆瓦燃煤供热机组，改扩建 2×390 兆瓦（F 级）双轴燃气蒸汽联合循环热电联产机组，替代现有 3 台热电联产机组抽汽量 120 吨/小时，总供热能力将由目前的 650 吨/小时增大到 850 吨/小时，完全满足纺织基地和周边企业今后用热需求。在满足供热的同时，还可以取得节约能源和改善环境的双重效果。目前，基地管道网络的供蒸汽能力达到 450 吨/小时。下一步继续补充、完善基地供热管道网络，实现全园区统一供汽目标，按蒸汽最远经济长度为 10 千米（汽源点至末端用户距离）计算，管网将基本覆盖全园区。蒸汽管线设立专用走廊，管网敷设方式根据沿线情况分别采取架空或埋地，两侧留有适当防护绿地，安全距离 5 米。根据《西樵纺织产业基地总体规划》，已对包括蒸汽管线在内的工程管线综合规划，该规划以合理利用城市用地为原则，统筹安排城市工程管线的平面和空间位置，协调工程管线之间及管线与其他各项工程之间的关系，避免各种管线的相互冲突和干扰，保证城市功能的正常运转。

3. 集中供热成本

经测算，集中供热工程的不含税供热成本 170～180 元/吨，含税供热成本 185～203 元/吨。其中，燃料成本约占 60%，固定成本约占 30%，税费成本约占 10%，因此市场燃料价格的变化直接关系到供热企业的盈亏。根据发电耗汽与外售汽占锅炉总发汽量的比例，热、电成本按 2∶8 比例分摊。

近年，长海电厂面临越来越大的经营压力。一方面，设备折旧费用大。从 2004 年开始，长海电厂相继投入了 4.70 亿元对园区供热设备及管网进行建设，供热设备 670 吨/小时锅炉的设计能力达到了 650 吨/小时以上的负荷，长海电厂因此需承担大额折旧费用，增加了企业的经营成本。另一方面，环保费用大。随着国家环保要求的日益提高，对电厂烟气排放的标准越来越严格。长海电厂近年除了环保设备投入约 8308 万元，日常生产还需支付 7.8 元/吨汽的脱硫脱硝材料费用。而且，考虑到园区企业的承受能力，长海电厂对蒸汽价格一直采取让利、分期核准、逐步调整的方式，降低蒸汽生产成本。

4. 集中供热节能减排效果

推进区域集中供热是节能减排的重要措施，符合国家的产业政策。广东西樵纺织产业基地集中供热取得以下效果。

一是提高了资源利用率。由于集中供汽的实施，取缔和替代了产业基地内的小锅炉。小锅炉的热效率只有75%左右，煤耗高，大型锅炉的热效率在90%以上。而长海发电厂采用大型锅炉、热电联产的方式向园区集中供汽，当园区的用汽量达到608吨/小时以上时，统一供汽与小锅炉供汽相比，每年可节约15万多吨标煤。

二是减少了污染物的排放。小锅炉配套的治污设施效率比较低，投资及运行费用高，难以监管，而长海电厂除尘器的除尘效率达到99%以上，投入运行的脱硫设施脱硫率达到85%以上；以608吨/小时用汽量计，与小锅炉供汽相比，每年可减少二氧化硫排放量7500吨以上。

三是有利于促进循环经济的实施。长海电厂使用高效的除尘设备和脱硫设施，对煤灰的综合利用和脱硫副产品的市场化有积极作用，将废物变为产品，大大地促进了循环经济的发展。

二、中山市三角镇纺织服装产业集聚区热电联产规划

（一）三角纺织服装产业集聚区概况

牛仔制衣行业是大涌镇的特色产业，并已成为大涌的第二大行业，全镇现有牛仔制衣企业超过200家。近年其行业发展势头迅猛，现已拥有"丹奴""占士豪""旗龙"等国内外知名品牌，大涌牛仔服装销售额占国内市场的13%。牛仔制衣已成为大涌镇政府确定的城镇主导产业。

（二）用热需求分析

三角片区高平工业区位于镇域东侧，为市属工业区。据调查，高平工业区已投产的用热企业有58家，主要为漂染、印染等行业；拥有蒸汽锅炉64座，总额定蒸发量为634.43吨/小时，锅炉燃料使用煤炭或重油。最大用热企业有两家：中山国泰染整有限公司建有11台蒸汽锅炉，总额定蒸发量为200.23吨/小时；民森（中山）纺织印染有限公司建有3台蒸汽锅炉，总额

定蒸发量为 145 吨/小时。两家企业均自建热电联产机组。

其他大部分用热企业一般都建有 1～2 台锅炉,额定蒸发量 4～8 吨/小时。根据行业的特性,这些企业接到订单后,均采用连续生产的模式。

由于用热企业能源管理落后,没有安装必要的计量设备,缺乏对企业供用热负荷和用量情况的记录,锅炉供热负荷只能根据生产用热情况加以估算。

用热量受市场订单影响较大,旺季期间印染企业一般采用三班制连续生产方式,淡季期间采用二班制连续生产方式。一年生产 300 天以上,每日的用热分布波动较大,一般在 11:00 — 21:00 为生产高峰阶段且热负荷波动最大,在 75%～100% 之间波动,其他时段的用热为最大负荷的 50%～90%。

印染企业的生产、销售有明显的淡旺季,一般每年中的 1—4 月份和 11—12 月份的用热负荷较低,而 5—10 月份的热负荷也能达到最大负荷的 80%～90%。

经统计,三角片区近期(2015 年)最大用热负荷 1054.9 吨/小时,其中工业用热负荷为 949.4 吨/小时,商业用热负荷为 10.5 吨/小时;远期(2020 年)为 1924 吨/小时,其中工业用热负荷为 1924 吨/小时,商业用热负荷为 115.7 吨/小时。

(三)热电联产规划方案

根据厂址条件、有效供热范围,考虑在高平工业区西北角建厂,近期供应范围为高平工业区、中心镇区,该区域 2015 年最大热负荷 997.11 吨/小时。建议建设三角镇中山 3×390 兆瓦级 9F 热电联产项目,较分散小锅炉年耗煤量低,供热节能 12.84 万吨标准煤,减少二氧化碳 60.94 万吨、二氧化硫 1.17 万吨、烟尘 8.78 万吨、灰渣 115.90 万吨、氮氧化物 712.76 吨。

鉴于高平工业区的工业热负荷、商业热(冷)负荷及中心镇区的商业热(冷)负荷的快速增长,应及时考虑热电厂的扩建。建议金鲤工业区近期可考虑由企业自行解决用热,燃料可考虑采用天然气等清洁能源,远期考虑本项目扩建机组对其进行供热。

对于实施热电联产集中供热(冷)的区域,本规划确定了高平供热管线一线、高平供热管线二线及高平供热管线三线的走向。其中高平供热管线一线管线总长约 4 千米,管径选择为 DN700 的双管布置;高平供热管线二线管线总长约 6.3 千米,管径选择为 DN900 的双管布置;高平供热管线三线管线总长约 1.2 千米，管径选择为 DN600 的双管布置。供热主管道敷设方式以沿规划路边绿化带低空架设为主。

投资三角片区热电联产项目 3×390 兆瓦级 9F 机组工程计划总资金（含热网）为 54.17 亿元。

三、广州市新塘环保工业园热电联产规划

（一）新塘环保工业园概况

1. 产业概况

新塘是增城市工业、商贸重镇，是广东省政府批准的首批对外开放的工业卫星镇。新塘镇已列入广州都会区规划范围，地处广州东部，珠江三角洲东部东江下游北岸，南与东莞一河之隔，西与广州黄埔区相连，毗邻香港，拥有区位、交通、资源、产业集聚的四大发展优势。近年，新塘镇积极实施增城市"南部带动"战略，积极发展牛仔服装龙头企业和实施品牌带动，大力发展组团式工业，初步形成规模效应大、综合配套能力强、专业化程度高的牛仔服装产业，成为增城经济发展的支柱产业之一。

以牛仔服装为主的纺织、制衣产业蓬勃、兴旺，带动新塘镇经济的发展，但其产业链中的洗水、漂染工艺产生大量的废气、废水，严重污染生态环境。绝大多数的洗水、漂染厂布局分散、厂房简陋、设备落后；供热燃煤锅炉数量多、单机容量小，能源消费量大而效率低，烟气未经脱硫、除尘或处理未达标而直接排放造成了严重的大气污染；大量工业废水直接排放或未达标排放，导致河涌水发黑发臭。最突出的问题是，超过80家洗水、漂染企业布点在广州市的二级水源保护区内，严重威胁到广州的饮用水源水质。

2. 供热现状

新塘镇洗水、漂染企业一般都建有 1～5 台锅炉，大部分企业装设 2 台锅炉，采取一开一备的运行方式。早期投产的锅炉以 2 吨/小时、4 吨/小时为主，其余锅炉多为 8～10 吨/小时。洗水、漂染企业平均装设锅炉的额定蒸发量为 4 吨/小时，生产规模较大的企业装设锅炉的总额定蒸发量一般在 15 吨/小时以上，中等规模的在 10 吨/小时左右，较小规模的企业大约在 8 吨/小时以下。绝大部分企业使用燃煤锅炉，生产设备简陋，并没有装置或使用高效的除尘设备。

新塘镇的洗水、漂染企业管理落后，没有安装必要的计量设备，缺乏对企业供用热负荷和用量情况的记录，锅炉供热负荷现状只能根据生产用热情况加以估算。据调查，洗水、漂染企业一般装设备用锅炉，其供热最高负荷相当于锅炉总额定蒸发量的60%～70%，最小负荷约为最高负荷的40%，平均热负荷约为最高负荷70%。

（二）用热需求特点

1. 用热工艺

新塘镇洗水、漂染企业的规模可划分为三个层次。大规模的企业拥有洗水机均超过80台，生产车间建筑面积超过7000平方米，锅炉的额定蒸发量一般在15吨以上，每日加工牛仔服装7万件；中等规模企业拥有洗水机60台左右，生产车间建筑面积4000～4500平方米，锅炉的额定蒸发量在10吨左右，每日加工牛仔服装5万件；小规模的企业拥有洗水机在50台以下，生产车间建筑面积3000平方米，锅炉的额定蒸发量在8吨以下，每日加工牛仔服装3万件。新塘镇现有大规模的洗水、漂染企业20家，占总数的15%；中等规模35家，占总数的26%；较小规模79家，占总数的59%。

2. 用热参数

洗水、漂染企业主要的用热设备有洗水机、烘干机、联合浆染机、印染机、浆纱机等，使用蒸汽压力为0.2～0.6兆帕，热电厂生产的压力为1.2兆帕，温度为300摄氏度的饱和蒸汽能够满足洗水、漂染企业的用热需求。

3. 热负荷曲线

洗水机、烘干机属间隙式用热设备，洗水机用热时间约为工作时间的30%～35%，烘干机用热时间约为工作时间70%。联合浆染机、浆纱机、印染机属连续用热设备，生产过程中均衡用热。

洗水、漂染企业一般采用24小时连续运作，分二班制工作，8:00和20:00为交班时间，用热负荷最低；9:00和21:00为每日用热高峰，其他时间用热回复到全日的平均负荷。

按目前的生产、销售情况：一年中一般以8—10月为生产、销售旺季，工厂要增加工人，所有生产设备满开，一天两班，并尽可能提高生产效率；1—3月和11—12月仍属生产、销售旺季，工厂一般使用所有生产设备，一天两班生产；4—7月为牛仔服装的生产、销售淡季，工厂通常使用一半的生产设备，维持一天两班生产。年用热负荷随生产情况相应变化，8—10月用热负荷为全年的高峰，1—3月和11—12月用热负荷有所回落，但仍维持较高的水平，4—7月用热负荷约为全年用热高峰的50%左右。

4. 热负荷需求

新塘环保工业园主要为工业热负荷，2010年最大用热约为493吨/小时，2015年约为1020吨/小时。按负荷同时率90%计算，2010年用热需求为444吨/小时，2015年为918吨/小时。

（三）热电联产规划方案

（1）为实现增城市国民经济和社会发展总体目标，满足用热需求，在增城市规划建设大型热电联产电厂，并配套建设供热管网，实施集中供热是必要的，也是符合国家能源政策和环保政策的。以热电联产实施集中供热，有利于提高增城市的能源综合利用率，节约资源、改善环境；有利于加强基础设施建设，完善投资环境；还有利于完善广东省的电网结构，增加广东电网供电的可靠性，有着良好的社会效益。

（2）增城市新塘漂染工业环境保护综合治理项目用热负荷集中，用热量大，2010年用热负荷444吨/小时，2015年用热负荷达918吨/小时，规划在增城市塘环保工业园西南角建设2×300兆瓦级热电联产机组，具体机型由项目设计单位论证选取。

（3）本规划相应提出建设由厂址至新塘漂染工业环境保护综合治理项目的管线，管线总长2千米，管径选用DN800的双管布置，首期先建单管。

（4）从一次能源利用效率看，新塘环保工业园热电联产项目的年均热效率为61%，年均热电比为114%，这些指标均符合国家对热电联产相关标准的要求。

（5）新塘环保工业园热电联产项目建成后，每年在满足其供热区域用热需求的同时，与分散锅炉供热相比，其标煤用量减少28.48万吨/年，同时减少二氧化碳排放18.68万吨、减少二氧化硫排放1.15万吨、烟尘排放8.93万吨、灰渣排放5.41万吨。可见，新塘环保工业园热电联产项目的节能减排效果非常显著，对广州市完成节能减排目标具有重要的促进作用。

第四节　造纸工业园区热电联产规划：
东莞中堂、江门银洲湖

一、东莞市中堂造纸产业集聚区（包装纸）热电联产规划

（一）中堂造纸产业集聚区概况

中堂造纸产业基地位于中堂镇西北部东江南岸、北潢路以北的狭长地带，东接草墩桥，西至豆豉洲，占地813.28公顷，规划工业总用地391.69公顷，基地地势开阔，地形平坦，中部有北海仔河横贯东西。

中堂造纸产业基地是东莞市七大环保工业园之一，《东莞市中堂造纸产业基地环境影响报告书》于2007年10月通过省环保局组织的专家评审，于2008年5月获省环保厅审批通过，这是广东省范围内唯一通过省环保厅认可的造纸环保产业园区。

中堂造纸产业基地具有30多年的发展历史，造纸产业也已成为中堂镇经济发展的支柱产业之一。根据《广东东莞水乡特色发展经济区产业发展规划(2013—2030年)》（东府办〔2015〕22号）对中堂镇造纸产业向绿色纸制品业优化发展的要求，中堂镇已按照《东莞水乡特色发展经济区"两高一低"企业全面整治与引导退出工作方案》（东府办〔2014〕89号）促成12家造纸企业关停退出，淘汰落后产能155万吨。保留下来的中堂造纸产业基地内较为优质造纸产能，将按照纸制品产业高端化、绿色化的发展思路，转型生产科技含量高的特种纸及功能纸，发展低定量、高强度的装饰纸，中高档环保型的文化用纸，生活功能纸品以及各类价值链高端的特种纸，打造绿色纸制品产业。

（二）用热需求分析

造纸基地片区现有用热企业18家，现有自备供热锅炉25台，额定容量217吨/小时；自备热电联产机组6套，配套锅炉额定容量1175吨/小时，基地内已实施热电联产的企业分别为建晖、理文、金洲、双洲、上隆、中联6家企业，金洲同时已对银洲、建桦2家企业实施供热。蒸汽主要供应高强纸、

普通纸和生活纸生产线，用于纸机烘缸的烘干工艺，以及部分熬胶、制浆工艺，用热压力 0.5～0.6 兆帕，用热温度 180～190 摄氏度。

综合考虑《东莞市工业锅炉及挥发性有机物治理工作方案》（东环办〔2010〕41 号）和《东莞水乡特色发展经济区"两高一低"企业全面整治与引导退出工作方案》（东府办〔2014〕89 号）对使用自备供热锅炉的热用户的影响，中堂镇具有集中供热需求的热负荷主要有造纸基地片区、其他片区使用自备锅炉企业，东塘片区使用集中供热的企业以及位于禁燃区的使用自备热电联产机组的企业（东莞市中联纸业有限公司）。按照 90% 同时率考虑，中堂镇近期最大热负荷 663 吨／小时，平均热负荷 507 吨／小时。预计中远期最大热负荷 1331 吨／小时，平均热负荷 1072 吨／小时。

（三）热电联产规划方案

中堂镇集中供热项目建设条件较为成熟。中堂镇因地处珠三角地区腹地而需选用天然气作为集中供热的燃料，发展热电联产的"现有热负荷、近期热负荷、供热半径、热负荷密度、热电比、负荷特性"等外部条件成熟；现有的东莞三联热电因受制于环保政策而无法新增供热能力，通过技术经济比较分析可得，燃气抽凝式热电联产在提高能源综合利用效率、降低供热和供电价格以及节能减排方面均为较优选择，建议考虑目前供热能力较大且运行业绩较为成熟的 9F（500 兆瓦）级机型，近期建设 2×9F（500 兆瓦）级燃气抽凝式热电联产机组，中远期根据用热需求扩建 2×9F（500 兆瓦）级燃气抽凝式热电联产机组以满足用热需求。根据电力平衡分析，预计东莞电网也仍有容纳中堂镇集中供热项目的电力发展空间。

中堂镇集中供热项目热网干线分两线建设供热管网，管网东线路径为从项目厂址出发，沿北海仔河向西，途经三涌、袁家涌、吴家涌、东泊、斗朗、槎滘，直达东糖片区，管径 DN600 双管布置；管网西线路径为从项目厂址出发，沿北海仔河向东直达黄涌，管径 DN600 双管布置。

二、江门市银洲湖纸业基地（生活用纸）热电联产规划

（一）银洲湖纸业基地概况

广东银洲湖纸业基地（以下简称"基地"）于 2004 年经省发改委批准成

立，是《珠三角地区改革发展规划纲要》中规划建设的三大造纸基地之一，于 2008 年被评为国家第二批循环经济试点园区，2011 年被评为广东省循环经济工业园，2012 年被评为国家工业循环经济重大示范技术工程，2012 年被评为省环保厅首批绿色升级示范工业园区（三家之一）。此外基地继续按循环经济规划引进各类大型、装备技术先进的造纸企业，促进造纸产业结构升级，发挥产业集群效应。

（二）用热需求特点

园区现有集中供热用户 9 家，最大热负荷需求 167 吨/小时，平均热负荷 144 吨/小时。主要用热企业为生活用纸行业，用热情况见表 7 - 11。

表 7 - 11 银洲湖纸业基地集中供热用户情况

序号	企业名称	现有热负荷	
		最大（t/h）	平均（t/h）
1	仁科绿洲高档生活用纸项目	9	6
2	维达纸业（江门）有限公司生活用纸项目（2 家）	20	16
		28	26
3	中顺纸业生活用纸项目	25	21
4	振隆造纸厂牛皮纸项目	28	30
5	坡利造纸厂	5	3.5
6	怡海泡沫厂	2	1
7	光大化工厂	12	8.5
8	广东华泰纸业高档新闻纸项目（一期工程）	35	30
9	江门市旭华纺织厂	3	2

（1）在建项目。阿博特纸业年产 8.16 万吨照相纸项目、星辉纸业年产 30 万吨涂布白卡项目（一期）、宝柏纸业年产 2 万吨生活用纸项目（一期）、亚太纸业年产 45 万吨高档文化用纸项目（二期）。

（2）拟建项目。广东华泰年产 40 万吨高档包装纸（二期）、星辉纸业年产 30 万吨涂布白卡项目（二期）、中顺洁柔年产 5 万吨高档生活用纸（改扩建）、仁科绿洲年产 4 万吨高档生活用纸（二期）、亚太纸业年产 6 万吨高档生活用纸等项目、双水电厂利用旧机组改建年产 12 万吨高档生活用纸等项目。

此外还计划向周边的如李锦记食品园区（距离 8 千米）、今古洲开发区（距离 10 千米）实施集中供热。

（三）热电联产规划方案

1. 集中供热项目概况

双水电厂原有 2×150 兆瓦燃煤发电机组，2011 年将#5 机组纯凝式汽轮机改造成可调整抽汽实现集中供热，供热参数 1.0～2.0 兆帕饱和蒸汽，用热负荷最大达 160 吨/小时，平均达 140 吨/小时。预计 2013 年底将完成#6 机组非可调整抽汽改造，届时最大供热能力可达 380 吨/小时，可满足 2014 年新增投产造纸企业的用热需求。但此时热负荷占供热能力的 87%，已不能满足造纸业发展要求，因此为进一步提高基地能源利用率，最大限度减排污染，根据"以热定电"的原则实施"上大压小"扩建 1×600 兆瓦大型环保热电联产机组。

2. 集中供热成本

纸业基地供热采取煤热价格联动机制，制定了对应煤价区间的热价，并经物价部门认证，每月根据国家发改委发布的环渤海动力煤价格指数进行定价结算。按目前煤价供热价格平均为 133 元/吨（不含税价），其中供热成本中燃料成本（含厂用电）占 66%，热电成本按供热比分摊。近 3 年供热收入分别达 1.2 亿元、1.4 亿元和 1.65 亿元。根据纸品的不同，用热成本占造纸企业产品总成本的 3%～8%。纸业基地通过制定控制性详细规划，供热管网与各项规划协调一致，管网由供热企业投资建设和管理维护，成本在热价中分摊。

3. 集中供热节能减排效果

2012 年基地吨纸综合标煤耗 0.234 吨（等价值），低于省平均 0.55 吨，也低于省造纸"十二五"目标 0.4 吨。万元工业增加值能耗 1.09 吨标准煤，远低于省造纸行业平均水平 2.8 吨标准煤。

目前运行的 2×150 兆瓦机组选用循环流化床锅炉，采取炉内脱硫技术，总脱硫效率为 91.28%，脱硫技术达到国内先进水平，全年二氧化硫排放浓度为 108～148 毫克/立方米；采取低氮燃烧技术，全年氮氧化物排放浓度为 186.72 毫克/立方米；烟尘除尘效率达 99.8%，平均排放浓度为 24.28 毫克/

立方米，均远优于排放标准要求，与分散式小锅炉对比减排污染物70%。

依托产业集群条件和基地集中水处理厂，基地开发应用梯级用水和共生代谢循环用水技术。造纸企业内部水重复利用率达89%，优于全国平均水平57%；吨纸新鲜水耗11.24立方米，优于省造纸行业目标18立方米。万元工业增加值水耗51.2立方米，优于省目标万元GDP用水64立方米。中水回用率16.10%，吨纸COD（化学需氧量）排放仅0.65千克，远优于省造纸行业平均水平4千克。当基地全面应用行业内梯级用水，实现中水回用率60%，吨纸水耗4.5立方米。

下一步将造纸废水经达标处理后作为中水供应给600兆瓦机组闭式冷却水补充水利用，预计可减少吨纸废水排放至2立方米，并争取最终实现废水零排放。

第五节　综合性产业园区热电联产规划：中山火炬开发区、湛江临港工业园

一、中山火炬高技术产业开发区（食品、医药专业园）热电联产规划

（一）中山火炬开发区概况

中山火炬高技术产业开发区于1990年创办，并于次年经国务院批准为国家高新技术产业开发区。在这片90平方千米、总人口20万的热土上，崛起了中国电子（中山）基地、中国包装印刷产业基地、国家健康科技产业基地、国家高新技术产品出口加工基地、中国技术市场科技成果产业化（中山）示范基地、国家火炬计划中山（临海）装备制造业基地、中国绿色健康食品产业基地等七个国家级基地，是全国唯一同时拥有七块国家级基地牌子的高新技术产业开发区。

（二）用热需求分析

火炬开发区现有热负荷主要集中在国家健康科技产业基地。健康产业基地位于开发区东部，目前拥有食品、生物医药、包装印刷和信息等热用户企业43家，建有各类小锅炉67台，锅炉蒸发量达180.4吨/小时，这些企业按

订单采用连续生产方式，据实地调查，企业用热负荷约为 150.3 吨/小时。

其中，广东美味鲜调味食品有限公司是上市公司——中炬高新技术实业（集团）股份有限公司的全资控股企业，是我国调味品的主要生产和出口基地之一。公司占地面积 66.67 公顷，年生产能力 50 万吨，拥有厨邦、美家、美味鲜岐江桥三大品牌。生产经营的产品有酱油、鸡粉、鸡汁、蚝油、食醋、腐乳、调味酱、调味粉、味精九大系列，共 100 多个品种，300 多个规格。企业主要是生产用热，生产工艺用热是煮豆、发酵、消毒、包装，每年 4—7 月为生产淡季，8 月—次年 3 月为生产旺季，目前年产量 30 吨。现有 2×15 吨/小时的水煤浆锅炉常用，1 台 8 吨/小时的燃油锅炉做补充，最大负荷 30 吨/小时，平均负荷 27 吨/小时，最小负荷 15 吨/小时，压力 0.8 兆帕，温度 193 摄氏度。

中山珠江啤酒有限公司占地 20 公顷，投资 2 亿元人民币，计划第一期产量 10 万吨/年，目前产量已达 8 万吨/年，扩产达 20 万吨/年，每年 5—11 月为生产旺季，11 月—次年 5 月为生产淡季。企业主要是生产用热，包括加热、清洗、消毒。现有燃油锅炉 1 台，蒸发量 8 吨/小时。企业最大负荷 8 吨/小时，平均负荷 7 吨/小时，压力 1.25 兆帕，温度 193 摄氏度。

各片区用热需求预测情况如下：

1. 国家健康科技产业基地热负荷预测

国家健康科技产业基地坐落在中山市火炬开发区，由国家科技部、广东省人民政府和中山市人民政府于 1994 年 4 月联合创办，是我国按照国际认可的 GLP、GCP、GMP 和 GSP 标准建设的一个集创新药物、医疗器械和健康产品的研究与开发、临床试验、生产和销售的综合性的健康产业园区。

健康基地规划工业占地总面积 300 公顷，已完成一期园区 80 公顷，共引进项目近 70 个，其中包括德国默克雅柏药业（中国）有限公司、德国格兰泰（中国）制药有限公司、百灵生物技术有限公司、瑞士辉凌制药有限公司等医药生产企业，以及三才医药连锁有限公司、中智医药有限公司和东诺医药有限公司等医药贸易企业共 20 多家，均采用了锅炉供热，用热负荷达到 77 吨/小时。

基地现已进入快速发展阶段，第二期近 133.33 公顷的用地土地上已有生物谷大厦、邦达医药等企业建成，奥德美、桐核阅、环威二期等项目也在投入运营。根据基地企业用热性质、现有企业用热现状并参考广州经济开发区科学城生物制药项目的占地与用热情况，按二类工业生产用地用热每亩 0.02 吨/小时的用热指标估算，预计其用热负荷可达到 40 吨/小时。目前，基地第三期规划 130 多公顷土地正在加紧招商引资中，未来仍将以发展生物医药及相关产业为主。按照上述用热测算原则，2020 年投产 100% 建成投产计算，预计基地三期项目 2020 年用热负荷约为 40 吨/小时。

综上所述，根据基地二、三期建设进度安排，预计到 2020 年，整个健康基地的新增最大用热负荷达到 80 吨/小时。用热参数 0.7 ～ 1 兆帕，170 ～ 190 摄氏度。

2. 火炬开发区科技示范基地热负荷预测

火炬开发区科技示范基地热负荷主要集中在已投产、在建企业、生活配套和规划用地用热需求。

根据广州开发区、南沙开发区等相关各类生产企业的用热特点，纺织类、印染类和电子信息类企业用热需求较大，故在参考已有相关用热指标基础上，按示范基地各类生产企业平均每亩 0.04 吨/小时，预计 2020 年用热需求为 186 吨/小时，用热参数为 0.7 ～ 1.25 兆帕，120 ～ 200 摄氏度。

该区内重点用热企业广东长大公路工程有限公司建设投产总部生产研发基地建设项目，主要包括钢结构项目、钢筋混凝土预制构件厂和船舶给养及新技术新产品的试验研发技术中心等五个投资项目，总投资 10 亿元人民币，占地 33.33 公顷，预计年产值 25 亿至 30 亿人民币。企业热负荷最大 80 吨/小时，平均 66.7 吨/小时，最小 45 吨/小时。

综上所述，火炬开发区科技示范基地热负荷 2015 年、2020 年分别为 221.4 吨/小时、276 吨/小时。

3. 临海工业园热负荷预测

据有关职能部门介绍，该园区规划以高新技术产业为主导，以临海特色的工业为方向，在国家火炬计划装备制造产业基地的基础上，以港口建设带动中山东部产业水平升级，重点发展电子信息、汽车配件、化工、包装印刷、五金制造业、能源、新材料、重化工业、装备制造业、现代物流业，因此，未来用热需求主要考虑汽车配件、包装印刷、生物化工等企业用热需求。

临海工业园（供热范围内）工业规划占地面积 363.19 公顷，主要依托中山火炬高技术产业开发区工业开发有限公司、中山市张家边企业集团有限公司、中山火炬集团有限公司、中山火炬工业联合有限公司和中山市健康科技产业基地发展有限公司进行开发建设。根据临海工业园内企业性质并参考广州市开发区与广州南沙电厂供热区域已有热负荷规模测算，按二类工业生产用地用热每亩 0.03 吨/小时的用热指标估算，并参照有关项目的规划进度，按 2015 年、2020 年分别投产 50%、80% 计算，整个临海工业园区需要用热 2015 年 81.7 吨/小时、2020 年达到 130.7 吨/小时，主要用热参数 0.6～1 兆帕，90～190 摄氏度。

4. 科技新城冷负荷预测

中山火炬科技新城总占地面积约 12 平方千米，核心区占地面积约 5 平方千米，集行政办公、科研开发、文化教育、产业会展、商业服务、商务住宅、仓储物流、生活休闲八大功能区和科技创业、科技研发、科技展示、科技贸易、科技金融、科技人居六大科技中心于一体，建成后的科技新城将包括创业园、高级写字楼、会展中心、医院、学校、文体中心、五星级酒店、商业中心、商务中心、游乐中心、群英华庭等项目，形成以科技经济、商务经济、总部经济为特色的城市新经济。已建成项目总建筑面积约 124.5 万平方米，按 80 瓦/平方米、30% 的制冷面积计算，制冷量最大 37.2 吨/小时，2015 年、2020 年分别为 38 吨/小时、40 吨/小时，主要用热参数：压力 0.8 兆帕以下，温度 170 摄氏度以下。

（三）热电联产规划方案

（1）火炬开发区、南朗镇区域现有工业企业较多，这些企业大多有用热和用冷负荷需求，近期即将形成一定规模，且分布集中。2013 年该区域最大用热（冷）需求已达到 804.9 吨/小时，2015 年 848.6 吨/小时，2020 年将达 1312.1 吨/小时。

（2）为实现《中山市热电联产规划》的总体发展目标，满足火炬开发区、南朗镇区域的用冷、用热、用电需求，在现有深南电南朗热电厂 2×180 兆瓦的基础上，近期规划扩建中山嘉明电力有限公司燃气热电冷联供项目 3×390 兆瓦，并配套建设供热管网。远期再根据该区域热冷负荷需求增长继续扩建相应容量的燃气热电联产机组。

实施集中供热、集中供冷是非常必要的，也是符合国家能源政策和环保政策的。以天然气为燃料的多联供项目实施集中供热（冷），有利于提高中山市能源综合利用率，节约资源、改善区域环境；有利于加强基础设施建设，完善投资环境，提高区域综合竞争力；有利于完善中山市的电网结构，增加地区电网供电的可靠性，社会效益良好。

（3）根据本规划中能源利用效率部分的分析，从一次能源的利用效率看，近期扩建的热电冷多联供项目的年均热效率为 68.4%，年均热电比为 41.2%，符合国家对燃气热电冷联产项目相关标准的要求。

（4）火炬开发区、南朗镇区域近期扩建的燃气热电冷多联供项目建成投产后，在满足其供热区域用热需求的同时，与分散燃气锅炉供热相比，每年可节约天然气 4.84 万吨/年，对中山市和火炬开发区、南朗镇区域未来节能减排的贡献巨大，同时每年还至少减少二氧化碳排放约 10.58 万吨。若与燃煤小锅炉相比，每年至少可节约标煤超过 8 万吨，减排二氧化硫近 1500 吨。此外，可以替代片区内企业自备分散小锅炉约 154 台，总蒸发容量近 357 吨/小时。可见，火炬开发区、南朗镇区域近期扩建的燃气热电冷多联供项目的节能减排效果非常显著，将对中山市未来节能减排目标的实现产生重要的促进作用。

二、湛江市临港工业园区（现代机械装备、电子信息和物流）热电联产规划

（一）湛江临港工业园概况

湛江临港工业园是国家发改委于 2006 年 7 月审核批复成立的省级开发区，位于湛江市城区南部，紧邻湛江港霞山港区，总体规划 38 平方千米，首期经审核批复开发面积 543 公顷。

园区紧邻以"大、深、阔"而闻名于世的深水良港湛江港霞山港区，年通过能力 80 万标准箱的集装箱码头及 5 万吨级的通用散货码头就在工业园内。湛江港是全国 20 个沿海主枢纽港之一，拥有泊位 37 个，其中万吨级以上码头 26 个；拥有亚洲最深的 25 万吨级深水航道、全国最大的 30 万吨级油码头、华南地区最大的 20 万吨级铁矿石码头。湛江港为我国中、南、西部三大地带共用的出海口岸，已与世界 100 多个国家和地区通航。依托得天独厚的港口优势，在临港工业园发展临港工业，建设区域性大型物流中转基地是投资者的最佳选择。

临港工业园从东到西、从南到北分成八个功能区，分别是临港化工区、

现代物流保税区、钢铁配送物流区、物流加工区、精细化工区、现代制造业区、综合生活区、港口功能区。临港工业园主导产业定位为现代机械装备制造业、电子信息产业和物流产业，重点发展与港口服务相配套的保税物流加工、配套湛江钢铁项目的钢铁物流加工配送、仓储及高新技术的深加工产业。严格控制重化工业，适当引进污染少、能耗低、高附加值的石化下游产品深加工的精细化工项目。

（二）用热需求特点

1. 供热基础

湛江市霞山区临港工业园目前没有集中供热的热源点，全部是企业使用自备锅炉分散供热。该区域内在用锅炉中绝大部分为 10 吨/小时及以下的小容量锅炉。在锅炉的使用过程中存在安全管理不严、规章制度不健全等问题。这些锅炉热效率低，大量的使用造成了能源资源的浪费和环境污染。

根据湛江市质监局掌握的最新锅炉数据，小锅炉用户 52 家，共有锅炉 78 台（含余热锅炉 6 台、导热油炉 11 台），在用锅炉铭牌蒸发量总容量为 599.8 吨/小时。霞山区的在用锅炉主要分布在临港工业园区和华港工业小区内。

2. 热负荷特点

随着湛江市霞山区近年经济快速发展，在良好的投资环境吸引下，一批大型企业落户湛江市，并已成为当地骨干企业，特别是食品粮油加工、精细化工、制药等企业已形成了相当的规模，并逐步形成集中的产业工业园。

（1）食品粮油加工行业用热需求主要为生产工艺用热，一般按订单组织 24 小时三班制连续生产方式，一年生产天数在 280～300 天之间，一般每年中的 9—12 月份的用热负荷较高，达到最高负荷的 90%～100%，而淡季期间的热负荷也能达到最高负荷的 75%～90%。

（2）精细化工行业用热量很大，目前市场比较稳定，精细化工行业年生产 300 天以上，采用 24 小时三班制连续生产方式，日热负荷分布比较平均，没有比较明显的淡季，一般每年中的 7—12 月份的用热负荷较大，而 1—6 月份的热负荷也能达到最大负荷的 70～90%。

（3）制药行业用热需求主要为生产工艺用热，一般按订单组织 24 小时三班制连续生产方式，没有比较明显的淡季，一年生产天数在 280～300 天之间，一般每年中的 8—11 月份的用热负荷较高，而 1—7 月份、12 月份的热负荷也能达到最高负荷的 75%～90%。

3. 热负荷需求预测

现有企业用热增长方面，随着湛江港得天独厚的港口优势逐步显现，紧邻湛江港的临港工业园用热企业的发展将呈现稳步增长态势，未来几年临港工业园内用热企业绝大多数均计划增产 10%～20%，依据现有锅炉用热企业生产规模情况，现有用热企业未来用热负荷也将相应比目前约增加 10%～20%。考虑到未来发展有一定的不确定性，2020 年，现有用热企业的用热负荷按增加约 10% 来测算。经预测分析，湛江市霞山区内现有用热企业 2020 年最大热负荷合计 366.39 吨/小时。

在建企业用热需求方面，根据调研，湛江市霞山区临港工业园内规划在建用热企业有 6 家，各规划在建用热企业 2020 年最大热负荷如下：湛江同德药业有限公司 10 吨/小时、湛江市广穗纸板有限公司 10 吨/小时、湛江市鸿达石化有限公司 16 吨/小时、湛江中冠石油化工有限公司 32 吨/小时、广东金港糖业有限公司 180 吨/小时、广东普奥思生物科技有限公司 10 吨/小时。规划在建用热企业 2020 年最大热负荷合计 258 吨/小时。

未来建设用地用热需求方面，临港工业园已经完成开发建设土地中目前剩余 160 公顷，按 2020 年 20% 的土地建设精细化工用热企业测算，每公顷用热强度 1.0 吨/小时估算，临港工业园规划项目 2020 年用热 32 吨/小时；华港工业小区已经完成开发建设土地中目前剩余约 40 公顷，按 2020 年 50% 的土地建设食品加工业等用热企业测算，每公顷用热强度 0.5 吨/小时估算，华港工业小区规划项目 2020 年用热为 10 吨/小时。

湛江市霞山区临港工业园的热负荷现状及预测汇总见表 7－12。

表 7－12　湛江市霞山区临港工业园的热负荷现状及预测汇总

分类	热负荷现状及预测（t/h）					
	现状			2020 年		
	最大	平均	最小	最大	平均	最小
1. 霞山区现有用热企业用热情况	333.08	281.06	198.04	366.39	293.11	210.04
2. 霞山区规划在建用热项目用热情况	/	/	/	258.00	206.40	129.00
3. 工业园区规划土地用热情况小计	/	/	/	42.00	33.60	21.00

分类	热负荷现状及预测（t/h）					
	现状			2020 年		
	最大	平均	最小	最大	平均	最小
（1）临港工业园 160 公顷	/	/	/	32.00	25.60	16.00
（2）华港工业小区 40 公顷	/	/	/	10.00	8.00	5.00
合计	333.08	281.06	198.04	666.39	533.11	333.19
计算 0.9 同时率后合计	283.12	238.90	168.33	599.75	479.80	299.87

（三）热电联产规划方案

1. 燃料选择

国家《煤电节能减排升级与改造行动计划（2014—2020 年）》针对燃煤电厂的超低排放和节能改造提出："东部地区新建燃煤发电机组大气污染物排放浓度基本达到燃气轮机组排放限值。"《热电联产管理办法》（发改能源〔2016〕617 号）第八条规定："新建工业项目禁止配套建设自备燃煤热电联产项目。"第十四条指出："新建抽凝燃煤热电联产项目与替代关停燃煤锅炉和小热电机组挂钩。新建抽凝燃煤热电联产项目配套关停的燃煤锅炉容量原则上不低于新建机组最大抽汽供热能力的 50%"。《广东省大气污染防治行动方案（2014—2017 年）》指出："实行煤炭消费总量中长期控制目标责任管理，到 2017 年煤炭占全省能源消费比重下降到 36% 以下，珠三角地区实现煤炭消费总量负增长。实施新建项目与煤炭消费总量控制挂钩机制，耗煤建设项目实行煤炭减量替代。通过燃用洁净煤、改用清洁能源、提高燃煤燃烧效率等措施，削减重点行业煤炭消费总量……新增天然气优先保障居民生活或用于替代燃煤锅炉、窑炉，鼓励发展天然气分布式能源高效利用项目。"《湛江市人民政府关于划定湛江市高污染燃料禁燃区和控制区的通告》（湛府通〔2014〕51 号）指出："湛江临港工业园属于控制区范围，控制区内禁止新建、扩建、改建高污染燃料燃用设施……自 2020 年 1 月 1 日起，在控制区内禁止销售、使用高污染燃料。"

从以上国家、广东省和湛江市的相关政策文件可以看出，国家对新建燃煤发电机组项目和抽凝式燃煤热电联产项目的审批门槛提高了很多；即使不是珠三角地区的粤西海滨城市湛江市，其重点行业煤炭消费总量依然存在削减压力，而改用清洁能源天然气作为热电联产项目的燃料，属于国家鼓励发展的天然气分布式能源高效利用项目，同时符合湛江市关于高污染燃料控制区的有关规定。因此，本热电联产项目采用天然气作为燃料是比较适宜的。

2. 机型选择

根据湛江市霞山区临港工业园工业用汽企业热负荷需求，2020 年最大用热需求为 599.75 吨/小时（同时系数 0.9）。燃气供热联合循环机组对热负荷的变化应有一定适应性，同时机组配置需具有安全可靠和调节灵活的特点。

表 7 - 13　燃气供热联合循环机组比较

指标	6B 机型	6F 机型	9E 机型	9F 机型	9F 改进型
余热锅炉蒸发量（t/h）	75	130	220	370	400
抽凝汽轮机 最大抽气供热量（t/h）	约 50	约 85	约 135	约 250	约 300
背压汽轮机 最大抽汽供热量（t/h）	约 65	约 115	约 185	约 340	约 390
联合循环热效率（%）	50	54.5	52	57	60

按最大热负荷的同时系数 0.9 考虑后，湛江市霞山区临港工业园 2020 年最大热负荷为 599.75 吨/小时，平均热负荷为 479.80 吨/小时，最小热负荷为 299.87 吨/小时。分析可知，两台 9F 改进型可以满足湛江市霞山区临港工业园的热负荷需求。建议湛江市霞山区临港工业园热电联产项目近期可考虑采用两台 400 兆瓦级"一拖一"双轴供热联合循环 9F 改进型机组（每套机组一台 300 兆瓦等级燃气轮机带一台 150 兆瓦等级蒸汽轮机）。主要包括燃气轮机、余热锅炉、蒸汽轮机、发电机、电气设备、控制设备等及其配套设施。为保证本项目机组的启动，设一台 10 吨/小时的燃气启动锅炉，蒸汽参数约为 1.5 兆帕，270 摄氏度。

3. 节能环保效益分析

项目建成后可以替代湛江市霞山区临港工业园区域内现有小锅炉 78 台（其中含导热油炉 11 台），考虑导热油炉和企业锅炉备用情况，湛江市霞山区临港工业园现有工业热用户最大热负荷 333.08 吨/小时。按工业热用户最大热负荷 333.08 吨/小时计算，替代的小锅炉可以减少原煤消耗 428 245.71 吨，年减少排放二氧化硫 6851.93 吨，年减少排放氮氧化物 2638.69 吨，年减少排放烟尘 13 637. 64 吨。氮氧化物的排放可以实现现役源 1. 5 倍削减量替代目标。

在满足湛江市霞山区临港工业园用热需求的同时，与热电分产供热相比，每年减少消耗天然气 0. 743 亿立方米，供热节能 7. 3 万吨标准煤，减少二氧化碳 12. 47 万吨，减少氮氧化物 277 吨；对湛江市和湛江市霞山区未来节能减排的贡献巨大。若与自备燃煤、燃油小锅炉相比，每年供热节能 14. 82 万吨标准煤，减少二氧化碳 69. 11 万吨、二氧化硫 1. 18 万吨、烟尘 8. 82 万吨、灰渣 10. 57 万吨。可见，本项目的节能减排效果较为显著，这也将对湛江市未来节能减排目标的实现产生重要的促进作用。

第八章　推进工业园区集中供热优化发展的政策措施建议

第一节　科学系统编制工业园区集中供热发展规划

从工业园区供热方式发展历程和产业用热需求变化来看，工业园区集中供热是区域经济转型升级、提质增效的必然选择，也是推动节能减排、绿色发展和高质量发展的现实需要。既要立足当前，加快淘汰燃煤小锅炉，更要着眼长远，科学系统编制实施工业园区集中供热规划，分析比选集中供热的技术方式、燃料品种、投资运营模式，以实现最大的经济、生态和社会效益，全面部署工业园区集中供热工作。

一、科学编制集中供热规划

研究出台广东省工业园区集中供热发展意见，指导和督促各地级以上市具备用热需求的工业园区科学测算工业园区及供热范围可覆盖范围的周边地区现有、近期和远期热负荷，确定热源点布局、燃料类型、供热管网路径、工业园区内现有分散供热锅炉替代方案以及引导工业园区周边分散用热企业关停分散小锅炉进驻工业园区工作方案，在此基础上编制全市和全省工业园区集中供热发展规划，增强规划对企业投资集中供热项目的指导性和约束性。

二、合理选择项目建设方案

根据广东省工业锅炉污染整治和大气污染防治要求，严格集中供热项目准入标准，切实做好能源综合利用效率、环境保护、资源供应和热负荷规模、特性等因素论证，按照能源综合利用效率最高的原则，鼓励园区内或周边已有纯凝发电机组或供热锅炉的，改造为合理供热规模的抽凝、背压热电联产机组或分布式能源站作为集中供热热源点；鼓励现有分散供热锅炉改造或新建过渡集中供热锅炉作为应急调峰备用热源。对热负荷密度大且近期平均热负荷不小于机组额定供汽量的，可选用热电联产方式集中供热，应优先选用背压式热电联产机组承担稳定热负荷；热负荷需求量波动较大或需求参数差异较大的，可建设合理规模的抽凝式热电联产机组，或背压机组与抽凝机组相组合，提高供热调节能力。对热负荷密度和用热规模较小的，主要选用集中供热锅炉房或分布式能源站作为集中供热热源；对热负荷增长较快但用热规模暂时难以满足热电联产建设要求的，可先期建设集中供热锅炉或小型分布式能源站，待条件成熟再建设热电联产机组或选择不同类型热源组成混合式集中供热项目。

三、加快推进供热项目建设

依据广东省集中供热规划有序推进项目建设，对建设条件落实、关停小锅炉数量大，以及采用新技术提高供热覆盖范围（供热半径不小于15千米）的集中供热项目优先组织实施。对集中供热锅炉房项目，在各市集中供热规划经地级以上市人民政府审查同意后即可办理项目备案手续；对需国家或省相关部门核准的其他集中供热项目，已列入全省集中供热规划的，应加快推进项目前期工作，国土、环保等部门优先安排用地和环保指标；对替代小锅炉迫切的园区天然气热电联产、燃煤背压式热电联产和分布式能源站集中供热项目，省相关部门可在全省集中供热规划出台前办理相关支持下文件。

四、加强小锅炉改造和关停

已规划实施集中供热的园区，供热范围内现有分散供热锅炉必须在集中供热项目建成后及时关停；经过论证，部分10蒸吨/小时以上的分散供热锅炉可改造为应急调峰备用锅炉，并与园区集中供热管网连通；禁止在集中供热项目供热覆盖范围内新建分散供热锅炉和自备热电站，禁止将现有分散供热锅炉改造为单一企业服务的自备热电站；除钢铁、石化、炼化项目外，全省范围内禁止配套建设为单一企业服务的自备热电站。

五、积极推进清洁燃料利用

加快推进珠海液化天然气接收站、中海油南海海上天然气高栏港接收站、深圳迭福液化天然气接收站和粤东液化天然气接收站等气源工程建设，扩大广东省天然气供应规模。组织修编完善广东省天然气主干管网规划和各地市城市燃气管网规划，加快推进向园区供气的天然气管道项目建设，保障采用燃气集中供热的园区用气需求。各地级以上市高污染燃料禁燃区、城市建成区内不得新建燃煤、燃油等燃烧高污染燃料的集中供热项目，珠三角地区原则上严禁新建燃煤、燃油集中供热项目。在有条件的地方，充分结合当地能源特点，鼓励应用天然气与生物质、光伏等可再生能源组合的方式建设集中供热项目。

第二节　制定完善鼓励工业园区集中供热配套政策

坚持政府主导、市场运作原则，在充分发挥市场配置资源的决定性作用的同时，更好地发挥政府作用，综合运用多种激励措施，调动市场主体的积极性，引导和促进集中供热有序发展。整合对接国家和省市有关政策和专项资金，支持燃煤小锅炉淘汰和集中供热项目建设。对集中供热项目给予优惠、补助、奖补等，健全完善鼓励支持工业园区集中供热的政策措施。

一、完善相关价格形成机制

构建集中供热以市场化为主、扶持措施为辅的综合定价机制，涵盖燃料价格、热价、电价和税费扶持等。综合考虑集中供热的节能与环保效益，制定实施有利于保障天然气热电联产、分布式能源站和背压热电合理正常运营的电价和气价政策。进一步规范供热价格管理，合理地测算供热成本并制定分类热价，各地级以上市价格主管部门制定本市集中供热指导价，并建立合理的调整机制，集中供热企业和热用户根据指导价协商确定供热价格。

二、加大财税金融支持力度

按照"企业承担为主，政府适当补助"原则，建立省级财政节能减排专项资金推动园区加快关停淘汰小锅炉和实施集中供热；珠三角各地级以上市研究安排专项资金用于鼓励关停淘汰小锅炉和推进集中供热项目建设。对纳入集中供热范围按期关停分散供热锅炉的企业，有关部门在排污费使用安排上给予适当补助。贯彻落实国家扶持节能减排的税收政策，研究制定广东省鼓励集中供热的税收优惠政策。拓展金融支持集中供热和关停淘汰小锅炉的渠道，探索将园区供热特许经营权益纳入贷款抵（质）押担保物范围。

第三节　加强工业园区集中供热运行监督考核管理

集中供热项目既是为工业园区完善配套的公共服务项目，也是有效益、有前景、有税收的好项目，要制定工业园区集中供热实施意见，成立协调、指导、督查机构，专门指导督查项目建设。各个工业园区集中供热项目都要纳入所在地党政机关、园区管委会和有关部门年度政绩考核与环保责任目标考核指标体系，对未完成淘汰燃煤小锅炉和集中供热项目规划建设进度要求或落实不力的予以通报或问责。各有关部门要形成合力共同推动工业园区集中供热项目规划、建设、运营，要强化督导，扎实推进工业园区集中供热项目建设。

热电联产机组安装热负荷、烟气排放在线监测装置，并分别与电力调度机构、环境保护部门联网，建立集中供热项目的动态监管机制。对未达标的项目，根据实际供热规模和热电比的要求降低机组发电出力。关停分散供热锅炉和实施集中供热情况纳入园区评价考核范围，建立奖惩机制。对集中供热项目建成后不能按期完成分散锅炉的地级以上市，在能源消费总量、污染物排放等指标分配时予以适当扣减，暂停该市下一年内新增能源消费项目建设；集中供热项目建成后供热范围内的分散供热锅炉还继续运行超过一年的，五年内不批准新增能源消费项目建设。

广东省推进工业园区和产业集聚区集中供热意见及方案见附录1、附录2。

附录1　广东省推进工业园区和产业集聚区集中供热意见

广东省发展和改革委员会文件

粤发改能电〔2013〕661号

广东省发展改革委关于印发推进我省工业园区和产业集聚区集中供热意见的通知

各地级以上市人民政府，顺德区人民政府，省直各有关单位，广东电网公司、广州供电局有限公司、深圳供电局有限公司，省天然气管网有限公司：

经省人民政府同意，现将《关于推进我省工业园区和产业集聚区集中供热的意见》印发给你们，请按照执行。执行过程中遇到的问题，请迳向我委反映。

广东省发展改革委
2013年12月2日

公开方式：主动公开

抄送：各地级以上市发展改革局（委）。

广东省发展改革委办公室　　　　　　　　　2013年12月5日印发

附件

关于推进我省工业园区和产业
集聚区集中供热的意见

为贯彻落实《国务院关于印发大气污染防治行动计划》（国发〔2013〕37号），推动我省工业园区和产业集聚区集中供热建设，进一步规范供热管理，促进节能减排，实现能源供应与环境保护协调发展，提出以下意见：

一、重要意义

近年来，我省大力推进工业园区建设和产业集聚发展，工业园区、产业聚集区的用热快速增长，但主要仍以低效分散小锅炉供热，且大部分为污染严重的燃煤燃油锅炉，集中供热程度总体较低，集中供热量仅占全省供热量的8%左右。随着工业园区和产业集聚区不断发展，大量新增用热企业将逐步进驻园区，加快发展集中供热，关停淘汰分散供热锅炉，有利于规范供热管理，增强珠三角电源支撑能力，减少东西两翼送电珠三角地区的压力，促进产业转型升级；有利于进一步提高能源利用效率，减少大气污染物排放，改善全省特别是珠三角地区空气质量，实现节能减排目标。

二、总体要求

（一）工作思路

按照推进资源节约型、环境友好型社会建设的要求，以满足用热需求和保障供热安全为核心，充分发挥市场机制作用，加强政策引导和扶持，积极应用先进技术，全面提升我省工业园区和产业集聚区集中供热保障能力和管理水平，实现经济效益、环境效益与社会效益共赢。

（二）基本原则

政府推动、市场主导。充分发挥市场配置资源的决定性作用，综合利用价格、财税、金融、污染物排放权等激励措施，调动市场主体的积极性，引导集中供热加快推进和健康发展。

统筹规划、有序推进。统筹规划全省工业园区和产业集聚区集中供热项目，根据用热需求和工业发展等条件分步有序实施建设。"十二五"期间重点推进珠三角工业园区集中供热项目建设，稳步推进具备集中供热条件的粤东西北工业园区和珠三角产业集聚区集中供热项目。

因地制宜、经济环保。根据工业园区和产业集聚区集中供热建设规划，以及用热用电需求、资源条件、环境约束、经济性等因素，合理选择集中供热方案，确保集中供热项目经济技术可行，节能、减排效益明显，热用户用热成本合理，实现供热用能清洁经济高效。

（三）发展目标

"十二五"期间，积极推进约 500 万千瓦在建工业园区热电联产项目建设，确保按期投产；启动一批热负荷需求大、淘汰小锅炉节能减排效果显著的珠三角工业园区集中供热项目建设；稳步推进工业园区和产业集聚区集中供热项目前期工作。到 2015 年底，珠三角地区具有一定规模用热需求的工业园区基本实现集中供热，集中供热范围内的分散供热锅炉全部淘汰或者部分改造为应急调峰备用热源，不再新建分散供热锅炉，力争全省集中供热量占供热总规模达到 30% 左右；到 2017 年，全省具有一定规模用热需求的工业园区和珠三角产业集聚区实现集中供热，集中供热范围内的分散供热锅炉全部淘汰或者部分改造为应急调峰备用热源，不再新建分散供热锅炉，力争全省集中供热量占供热总规模达到 70% 以上。

三、主要任务

（一）科学编制集中供热规划

强化集中供热规划指导作用，加强对集中供热规划编制和实施的管理。各地级以上市发展改革部门负责组织本市具有一定规模用热需求的工业园区和产业集聚区做好集中供热规划，在此基础上编制全市工业园区和产业集聚区集中供热规划，经地级以上市人民政府批准同意后于 2014 年 2 月底前报送省发展改革委汇总。省发展改革委统筹研究各市规划，于 2014 年 4 月底前编制完成全省工业园区和产业集聚区集中供热规划。

各市在编制集中供热规划过程中应组织专家或委托具备专业资质的机构论证，与工业园区和产业集聚区发展规划、土地利用总体规划、市政设施规划等专项规划作好衔接。在科学测算供热范围可覆盖的区域现有、近期和远期热负荷基础上，确定热源点类型（具体分类见附件）、布局、燃料类型、供热管网路径、现有分散供热锅炉的替代方案以及引导集中供热区域外分散

用热企业关停分散小锅炉进驻园区工作方案

（二）合理选择集中供热方案

1. 加强评估论证

集中供热项目应以保障供热为首要目标，综合考虑能源综合利用效率、环境保护、资源供应和热负荷规模、特性等因素论证确定，可选择单一类型热源或不同类型热源组成混合式集中供热项目。集中供热在组织实施前，应由具备专业资质的第三方评估机构对集中供热方案进行专题评估。

2. 严格项目准入标准

各地级以上市高污染燃料禁燃区、城市建成区内不得新建燃煤、燃油等燃烧高污染燃料的集中供热项目；珠三角高污染燃料禁燃区和城市建成区之外的其他地区，除可实现煤炭减量替代、主要大气污染物两倍替代，且厂址位于沿江沿海、燃煤不需要陆路转运的项目外，严禁新建燃煤、燃油集中供热项目。

新建（含改造，下同）热电联产和分布式能源站项目应按照"以热定电"和电力在当地 220 千伏及以下电网就地消纳为主的原则，切实做好装机规模论证，严格控制大型抽凝式热电联产机组建设规模，热电联产项目单站建设规模原则上不大于 1200 兆瓦。

燃气热电联产项目和燃气分布式能源站项目热电比不低于 50%，能源综合利用效率不低于 70%；燃煤热电联产项目热电比不低于 60%，能源综合利用效率不低于 65%。

3. 优化集中供热方案

工业园区和产业集聚区内或周边已有纯凝发电机组或供热锅炉的，鼓励改造为合理供热规模的抽凝、背压型热电联产机组或分布式能源站作为集中供热热源点；鼓励现有自备热电联产机组适度扩大供热规模，作为集中供热热源点；鼓励利用现有分散供热锅炉改造或新建过渡集中供热锅炉作为应急调峰备用热源。对热负荷密度较大且近期平均热负荷不小于机组额定供汽量的工业园区，可选用热电联产方式集中供热，应优先选用背压式热电联产机组承担稳定热负荷；热负荷需求量波动较大或需求参数差异较大的工业园区，可建设合理规模的抽凝式热电联产机组，或背压机组与抽凝机组相组合，提高供热调节能力。

对热负荷密度和用热规模较小的工业园区，主要选用集中供热锅炉房或分布式能源站方式供热；热负荷增长较快但用热规模暂时难以满足热电联产建设要求的，可先期建设集中供热锅炉或分布式能源站。

根据各园区用热负荷的实际情况，按照能源综合利用效率最高的原则，可选择不同类型热源组成混合式集中供热项目。

（三）积极吸引各类投资主体

加强规划、政策和标准的引导，鼓励通过合同能源管理等多种方式，吸引国有、民营、外资企业等各类投资主体参与集中供热项目建设。加强机制创新，完善运营监管，保障各类投资主体公平获得集中供热项目建设权利，列入全省集中供热规划的项目，除法律法规禁止的以外，均向各类投资主体开放，在项目竞争性配置招标或备案管理中，不得设定限制某一类投资主体进入的歧视性条件。鼓励热用户共同参与供热管网建设。

（四）切实防治集中供热项目污染

新建集中供热项目应严格落实环境保护要求，确保大气污染物排放优于或者满足国家相关标准。其中，珠三角地区的燃煤热电联产项目须采用先进环保技术，确保大气污染物排放达到国家、省对重点地区燃气轮机大气污染物排放相关标准要求；其他地区应达到国家、省对重点地区大气污染物排放相关标准要求。珠三角地区燃煤集中供热锅炉项目应同步安装高效除尘、脱硫、脱硝装置，大气污染物排放应达到国家、省对重点地区燃煤电厂锅炉大气污染物排放相关标准要求。燃气蒸汽联合循环热电联产机组应加强氮氧化物治理，同步安装烟气脱硝装置，暂不能安装的应预留脱硝装置安装条件。

（五）加快推进集中供热项目建设

集中供热项目依据全省集中供热规划有序推进，对建设条件落实、关停小锅炉数量大，以及采用新技术提高供热覆盖范围（供热半径不小于15千米）的集中供热项目优先组织实施。对集中供热锅炉项目，在各市集中供热规划经地级以上市人民政府审查同意后即可办理项目备案手续；对需国家或省相关部门办理审核手续的其他集中供热项目，已列入全省集中供热规划的，应加快推进项目前期工作，国土、环保等部门优先安排用地和环保指标；对替代小锅炉迫切的工业园区天然气热电联产、燃煤背压式热电联产和分布式能源站集中供热项目，省相关部门可在全省集中供热规划出台前办理相关支持性文件。

（六）切实加强对关停分散小锅炉的管理

已规划实施集中供热的工业园区和产业集聚区，供热范围内现有分散供热锅炉必须在集中供热项目建成后三个月内全部关停；经过论证，部分10蒸吨/小时以上的分散供热锅炉可改造为应急调峰备用锅炉，并与园区集中供热管网连通；禁止在集中供热项目供热覆盖范围内新建分散供热锅炉和自备热电站，禁止将现有分散供热锅炉改造为单一企业服务的自备热电站；除大型钢铁、石化等企业外，禁止配套建设为单一企业服务的自备热电站。

（七）加快建设天然气供应和电网等配套设施

加快推进珠海液化天然气接收站、中海油南海海上天然气高栏港接收站、深圳迭福液化天然气接收站和粤东液化天然气接收站等气源工程建设，积极发展生物质能转换天然气，扩大全省天然气供应规模。组织修编完善全省天然气主干管网规划和各地市城市燃气管网规划，加快推进向工业园区和产业集聚区供气的天然气管道项目建设，力争到2015年天然气管网通达珠三角采用燃气集中供热的工业园区，到2017年天然气管网通达全省采用燃气集中供热的工业园区和珠三角产业集聚区。电网企业应根据全省集中供热规划做好相关热电联产、分布式能源项目的配套电网规划建设，保障集中供热项目电力输送需求。各地要进一步加大支持集中供热相关热网、天然气管网、电网项目建设所涉及的城市规划、产业布局、项目选址、用地指标、征地拆迁等方面工作，及时组织协调解决相关问题。

（八）积极推广应用先进技术

集中供热项目积极采取能量补偿等先进技术，采用单机100兆瓦以上的热电联产项目实施集中供热的，供热半径原则上应不小于15千米。鼓励发展更具调节性能、规模更大的背压式热电联产机组，并优先列入省级能源发展相关专项规划；鼓励应用新型可再生能源技术建设集中供热项目；鼓励集中供热项目充分利用余热集中制冷供冷，实现能源梯级高效利用。

四、保障措施

（一）加强组织领导

省发展改革委牵头会同省经济和信息化委、财政厅、环境保护厅、质监局、国税局、地税局、金融办等部门，以及电网企业、天然气企业，共同推进全省工业园区和产业集聚区集中供热工作。各地级以上市人民政府为本行政区域内工业园区和产业集聚区集中供热工作责任主体，负责督导本行政区域内工业园区和产业集聚区集中供热规划的实施，推进供热管网建设，引导用热企业向具有集中供热能力的园区集聚。各地市要加大关停淘汰分散供热锅炉和推进集中供热的宣传工作力度，引导企业将此作为履行社会环保责任的自觉行为。

（二）加大财税金融政策支持力度

按照"企业承担为主，政府适当补助"原则推动工业园区和产业集聚区集中供热并加快关停淘汰小锅炉。鼓励符合节能技术改造条件的工业园区和产业集聚区集中供热项目，优先申报国家及省节能技术改造奖励资金支持，省财政按节能量400元/吨标准煤给予一次性奖励。对于珠三角地区工业锅炉整治，省财政安排资金按0.8万元/蒸吨的补助标准采取以奖代补方式予以支持，具体办法由省环境保护厅会同省财政厅等部门制定。珠三角地区各地级以上市政府要研究安排财政专项资金用于鼓励关停淘汰分散锅炉和推进集中供热项目建设。对纳入集中供热范围按期关停分散供热锅炉的企业，有关部门在排污费使用安排上给予适当补助。贯彻落实国家扶持节能减排的税收政策，由省税务部门研究制订我省鼓励集中供热的税收优惠政策。拓展金融支持集中供热和关停淘汰分散锅炉的渠道，探索将园区供热特许经营权益纳入贷款抵（质）押担保范围。

（三）完善价格政策

由省价格主管部门牵头会同省能源主管部门根据国家有关规定，制订有利于促进天然气热电联产、分布式能源站和背压热电联产发展的电价和气价政策。集中供热价格实行政府指导价，由供热企业与热用户协商，按照相关规定报价格主管部门审核，并建立动态调整机制。

（四）加强运行管理

热电联产机组必须安装热负荷在线监测装置并与电力调度机构联网，安装烟气排放在线连续监测装置并与环境保护部门联网，电力调度部门严格按照"以热定电"原则调度机组发电。热电联产机组投产后一年内平均热电比应达到30%，第二年平均热电比应达到前述规定要求，未达标的机组，电力调度部门应在发电调度中根据实际供热规模和热电比的要求降低机组发电出力。省有关部门要加强热电联产机组供热情况的监管。

（五）创新运营机制

积极发挥集中供热项目的规模化效益，鼓励园区供热、供冷、供水、污水处理系统实行一体化经营。鼓励热电联产集中供热项目与热用户同步开展电力直接交易。鼓励按期关停分散供热锅炉并纳入集中供热范围的企业，通过排污权交易方式，转让二氧化硫等污染物排放指标。集中供热项目所替代关停的分散锅炉等供热设施的二氧化硫等污染物排放指标优先满足集中供热项目使用。

（六）加强监督考核

关停分散供热锅炉和实施集中供热情况纳入工业园区评价考核范围，建立奖惩机制。对集中供热项目建成后不能按期关停分散供热锅炉的地级以上市，在能源消费总量、污染物排放等指标分配时予以相应扣减，暂停该市下一年内新增能源消费项目建设；集中供热项目建成后供热范围内的分散供热锅炉还继续运行超过一年的，五年内不批准新增能源消费项目建设。

附件

集中供热热源类型

根据用热需求实际情况，工业园区和产业集聚区集中供热类型主要有燃煤抽凝式热电联产机组、燃煤背压式热电联产机组、燃气蒸汽联合循环抽凝式热电联产机组、燃气蒸汽联合循环背压式热电联产机组、分布式能源站、集中供热锅炉房（燃煤、燃天然气、电力），以及上述两种以上方式的组合。

燃煤抽凝式热电联产机组是指以煤炭为燃料，采用抽汽冷凝式汽轮机，通过在汽轮机中间某级抽取蒸汽用于集中供热，同时生产电力热力的能源生产方式。

燃气蒸汽联合循环抽凝式热电联产机组是指以天然气为燃料，余热利用采用抽汽冷凝式汽轮机，在汽轮机中间某级抽取蒸汽用于集中供热，同时生产电力热力的能源生产方式。

燃煤背压式热电联产机组是指以煤炭为燃料，采用背压式汽轮机，发电后的蒸汽全部用于供热，同时生产电力热力的能源生产方式。

燃气蒸汽联合循环背压式热电联产机组是指以天然气为燃料，余热利用采用背压式汽轮机，汽轮机发电后蒸汽全部用于集中供热，同时生产电力热力的能源生产方式，单机规模原则上不大于200兆瓦。

分布式能源站是指以天然气或可再生能源为燃料，同时生产电力热力并基本在用户侧就地消纳的能源生产方式。单站装机总规模原则上不大于100兆瓦，单机规模不大于50兆瓦，并接入110千伏及以下电压等级系统。

集中供热锅炉房是指以煤、天然气、生物质或电力为燃料，仅生产热力的能源生产方式。

附录2　广东省工业园区和产业集聚区集中供热实施方案（2015—2017年）

广东省发展和改革委员会文件

粤发改能电〔2015〕488号

广东省发展改革委关于印发《广东省工业园区和产业集聚区集中供热实施方案（2015–2017年）》的通知

各地级以上市人民政府，顺德区人民政府，省直各有关单位，广东电网公司、广州供电局有限公司、深圳供电局有限公司，省天然气管网有限公司：

经省人民政府同意，现将《广东省工业园区和产业集聚区集中供热实施方案（2015-2017年）》印发给你们，请按照执行。请各地市加快协调推进列入方案的相关项目建设，请省直有关单位积极支持办理项目建设相关文件。执行过程中遇到的问题，请迳向我委反映。

广东省发展改革委
2015年8月12日

广东省工业园区和产业集聚区集中供热
实施方案

（2015—2017年）

为贯彻落实《国务院关于印发大气污染防治行动计划的通知》（国发〔2013〕37号）、《广东省人民政府关于印发广东省大气污染防治行动方案（2014—2017年）的通知》（粤府〔2014〕6号）和国家发展改革委、国家能源局、环境保护部《关于印发能源行业加强大气污染防治工作方案的通知》（发改能源〔2014〕504号）要求，扎实推进全省集中供热能力建设，提高能源利用效率，规范供热管理，促进绿色低碳工业园区发展和实现节能减排目标，根据经省政府同意印发的《关于推进我省工业园区和产业集聚区集中供热的意见》（粤发改能电〔2013〕661号）提出的目标和要求，综合考虑各市编制的工业园区和产业集聚区集中供热方案，制定本方案。

一、加快发展园区集中供热的必要性

近年来我省大力推进工业园区建设和产业集聚发展，全省已形成国家、省级工业园区约190个，产业集聚区约340个，但园区集中供热发展滞后，全省仅有14个园区（包括工业园区和产业集聚区，下同）的部分区域实现了集中供热，集中供热量约占全省总用热量8%，其余用热需求主要由企业自建分散锅炉供应，热用户以纺织服装、造纸、医药、食品、石油化工、金属加工等行业企业为主，分散供热锅炉主要燃用煤、油，少量燃用生物质。据调查统计，全省现有分散供热锅炉约1.7万台（总额定蒸发量约5万蒸吨/小时，约65%位于珠三角地区）。由于多数分散供热锅炉能源利用效率低，未进行有效的烟气污染治理，已成为全省尤其是珠三角地区主要大气污染源之一。加快发展集中供热，减少分散供热锅炉，不仅有利于提高能源利用效率，减少能源使用带来的污染，也有利于提升园区基础设施水平，保障热力安全生产，满足我省产业转型升级要求。

二、总体思路和工作目标

（一）总体思路

按照"统筹规划、因地制宜、市场主导、有序推进"原则，根据用热需

求和产业发展条件，合理选择集中供热方案，有序推进园区集中供热项目建设，提升我省园区供热保障能力和管理水平，促进产业加快集聚发展。结合全省大气污染防治行动实施方案，与分散供热锅炉关停计划相衔接，重点推进珠三角地区集中供热工程建设，稳步推进粤东西北地区集中供热工程建设。

（二）工作目标

到 2017 年，全省具备一定规模用热需求的园区基本实现集中供热，相应关停供热区域范围内分散供热锅炉，园区内不再新建分散供热锅炉，力争全省集中供热量占供热总规模达到 70% 以上。力争到 2020 年，全省建成较为完善的园区集中供热基础设施。

三、项目布局规划及实施原则

（一）布局规划

主要在已形成一定规模、用热需求较大的园区布局建设集中供热项目，重点保障国家、省级开发区和产业转移园区用热需求。优先组织实施列入省大气污染防治行动方案（2014—2017 年）和省政府与各地市人民政府签署的大气污染防治目标责任书关停计划的分散锅炉所对应的集中供热项目。

（二）实施原则

1. 燃料选择

燃料类型主要包括天然气、燃煤、生物质燃料（生物质燃气、生物质成型燃料）。珠三角地区基本使用天然气等清洁能源；粤东西北地区因地制宜择优选择燃料种类。支持发展生物质成型燃料、生物质燃气等新型燃料。

2. 供热方式

集中供热方式主要包括抽凝式热电联产、背压式热电联产、分布式能源站、现役纯发电机组热电联产改造、集中供热锅炉房或上述两种及以上方式的结合。鼓励采用背压式热电联产机组、现有纯发电机组改造为热电联产机组、集中供热锅炉房、分布式能源站、生物质燃气等集中供热方式。对于现有热负荷规模较大且具有较强增长潜力的园区，适当布局建设热电联产集中供热项目，新建燃煤热电联产项目热电比不低于 60%，天然气热电联产项目热电比不低于 50%。珠三角地区禁止新、扩建燃煤燃油火电机组和企业自备电站。对于建设条件近期难以落实的热电联产项目，鼓励过渡期采用建设集中供热大锅炉、实施现役机组供热改造等方式。对于天然气气源供应和配套管网落实，环保要求高且价格承受力较强的园区，鼓励建设燃气分布式能源站。

3．环保要求

新建燃煤抽凝式热电联产机组大气污染物排放浓度基本达到燃气轮机排放限值（即在基准氧含量6%条件下，烟尘、二氧化硫、氮氧化物排放浓度分别不高于10，35，50（毫克/立方米））；采用生物质成型颗粒为燃料的新建锅炉大气污染物排放浓度应达到在基准氧含量9%条件下，烟尘、二氧化硫、氮氧化物排放浓度分别不高于30，35，50（毫克/立方米）。新建其他类型集中供热项目大气污染物排放严格执行国家、省有关排放标准。

四、重点项目

严格依照分散供热锅炉关停及供热范围内热负荷情况，初步确定建设集中供热项目113个，总投资约1200亿元，其中：

——抽凝式热电联产集中供热项目19个（续建项目13个，新建项目6个），总装机容量13800兆瓦；

——改建或新建背压式热电联产集中供热项目7个，总装机容量370兆瓦；

——燃气分布式能源站项目19个（续建项目3个，新建项目16个），总装机容量约2200兆瓦；

——集中供热锅炉房项目25个，总额定蒸发容量约2500蒸吨/小时；

——其他项目（包括生物质、抽凝改造、扩建供热管道等）43个。

五、工作任务

（一）积极推进集中供热项目建设

1．加快在建项目建设

项目业主要加快施工进度，确保项目按期建成投产。各地市要加大协调力度，及时解决项目建设中存在的问题，保障项目顺利实施。

2．抓紧启动新开工项目建设工作

对列入本方案的新开工项目，项目所在地政府要加快推进项目前期工作，推动落实建设条件，将关停分散供热锅炉减排、节能指标优先用于集中供热项目建设，国土、环保等部门积极支持办理项目核准相关支持性文件。

项目实施前应与用热企业签署供热协议，明确供热规模、供热价格等内容。热电联产项目近期热负荷、热电比等指标应满足省发展改革委《关于推进我省工业园区和产业集聚区集中供热的意见》（粤发改能电〔2013〕661号）要求。

（二）协调推进供热管网建设

供热管网应与集中供热项目同步规划、同步建设，并做好与园区发展规划、土地利用总体规划和市政设施规划等的衔接，处于城市建成区的供热管网应纳入城市市政管网规划体系。各地级以上市发展改革部门要及时办理供热管道工程项目备案。项目业主要定期做好供热管网的安全检查和隐患排查，消除安全隐患。

（三）按期关停分散供热锅炉

列入本方案的集中供热项目应明确配套的关停分散锅炉计划（含集中供热区域外企业进驻园区相应关停分散小锅炉）以及供热用户名单。除经论证可将部分 10 蒸吨/小时以上的分散供热锅炉改造为应急调峰备用锅炉外，供热区域内分散供热锅炉必须在集中供热项目建成后 3 个月内关停，应急调峰备用锅炉须与园区集中供热管网连通；禁止在集中供热项目供热覆盖范围内新建分散供热锅炉和自备热电站。项目所在地政府应组织项目业主与分散小锅炉关停企业做好沟通对接，指导用热企业根据集中供热计划安排生产。

（四）加大力度做好燃气供应保障

省发展改革委会同有关单位做好天然气供应保障工作，积极争取国家三大石油公司增加供气量，扩大我省天然气利用规模；加快进口 LNG 接收站、陆上天然气长输管道、海上天然气开发等气源工程建设，推进全省天然气主干管网建设，提高天然气供应保障能力。各地级以上市人民政府组织加快完善城市燃气管网，确保通达到采用天然气集中供热的园区，保障集中供热项目用气。天然气集中供热项目必须落实燃料来源，在项目实施前与资源供应方签署天然气购销合同。

（五）积极引导用热企业集聚发展

各地级以上市人民政府应科学引导本市产业发展和布局，积极促进用热企业向实现集中供热的园区集聚，充分利用集中供热项目作为园区基础服务设施的有利条件，吸引新增用热企业优先在集中供热范围内布局建设，制定鼓励现有用热企业关停分散供热锅炉搬迁入园的政策措施。

六、保障措施

（一）加强组织领导

省发展改革委会同省环境保护厅等单位组织做好本方案实施工作，加强热电联产机组节能发电调度管理。各地级以上市人民政府为本行政区域内集中供热工作责任主体，负责组织推进本行政区域集中供热项目实施，做好分散小锅炉关停整治工作，引导用热企业向具有集中供热能力的园区集聚。省环境保护厅牵头制定生物质燃气锅炉等供热项目大气污染物排放标准。省住房和城乡建设厅负责指导各地市将集中供热设施纳入城乡建设规划体系。省质监局负责供热锅炉登记管理工作。电网企业和天然气管道企业负责做好集中供热配套电网、天然气管网建设运营工作。其他各部门要切实履行工作职责，密切协调配合，形成工作合力，确保取得实效。

（二）强化监督考核

省发展改革委、环境保护厅等加强对集中供热项目建设情况及分散供热锅炉关停情况的监督考核，对环评报告批复要求关停分散锅炉而未关停的集中供热项目，环境保护主管部门不得进行环保竣工验收。对纳入省政府与各地市人民政府签署的《大气污染防治目标责任书》关停整治锅炉规模较大的园区，各地市应建立相应的督导协调机制。

（三）规范热电联产运行管理

电力调度部门优化电力生产调度，确保热电联产机组调度运行满足供热要求。鼓励现有纯发电机组改造为热电联产机组实施供热，对改造后年平均热电比达到20%以上的机组，按同类型热电联产机组调度。

（四）建立动态调整机制

对集中供热项目建设实行动态调整、滚动推进。在加快推进规划项目的同时，对因产业布局和园区规划调整、资源供应、环境保护等导致建设条件发生重大变化的项目，各地级以上市发展改革部门应及时提出调整意见和供热过渡方案报送省发展改革委。对批准两年以上仍未开工且未提出延期申请或虽提出延期申请但未获批准的集中供热项目，将按规定予以取消或调整。

（五）落实财税价格政策

鼓励符合节能技术改造条件的集中供热项目，优先申报国家及省节能技术改造奖励资金支持，并鼓励通过节能量交易、碳交易、排污权交易等方式转让相应指标获得收益。对珠三角地区（不含深圳）集中供热项目配套关停的小锅炉，如符合奖励范围，省环境保护厅会同省财政厅安排省级财政专项资金采取以奖代补方式予以支持，省财政补助标准为0.8万元/蒸吨，鼓励各地级以上市政府安排财政专项资金同步予以支持。价格主管部门加快供热价格改革，推动供热企业与热用户自主协商定价。

（六）完善建设和运营机制

加强规划、标准和政策引导，吸引国有、民营、外资企业等各类投资主体参与集中供热项目建设，在市场准入和扶持政策方面对各类投资主体同等对待。鼓励园区供热（冷）、供水、污水处理系统实行一体化经营，将集中供热项目的供热权益纳入贷款抵（质）押担保范围，拓宽集中供热项目特别是供热管网的融资渠道。支持热电联产集中供热项目与热用户开展电力直接交易。

参考文献

［1］ 孙喜春. 工业园多热源供热市场交易研究［D］. 南昌：南昌大学，2014.

［2］ 史惠临. 不同能源类型供热方式环保与经济性比较［J］. 中国科技投资，2018，36（10）：179.

［3］ 方修睦，周志刚. 供热技术发展与展望［J］. 暖通空调，2016，46（3）：14－19.

［4］ 刘可以. 基于"4E"评价体系的区域供热热源结构优化配置［D］. 哈尔滨：哈尔滨工业大学，2015.

［5］ 秦楚林. 基于环境影响的区域热源结构优化分析［D］. 哈尔滨：哈尔滨工业大学，2016.

［6］ 汪海波. 浅谈西咸新区集中供热方式选择［J］. 知识经济，2012，（9）：106.

［7］ 蔡龙俊，陶求华. 燃气热电联产在工业园区的应用［J］. 区域供热，2005（1）：12－15，7.

［8］ 王振铭. 我国热电联产集中供热的总体状况和政策［C］//2004 中美工业锅炉先进技术研讨会会议论文集. 北京：中国动力工程学会，2015：401－413.

［9］ 费文龙，黄坤，刘洋，等. 供热方式的选择分析研究［J］. 硅谷，2010，（13）：80.

［10］ 张孝强，熊正德. 从石狮热电厂的实践看热电联产集中供热的优越性［C］//福建省能源研究会、福建省资源利用协会 2000 年学术年会论文集. 福州：福建省能源研究会，2017.

［11］ 李浩淼. 大型热电联产机组集中供热在节能减排中的作用［J］. 能源与节能，2018，（10）：85－86.

［12］ 黄何，于文益. 对广东省热电联产集中供热发展的探讨［J］. 电力与能源，2008，29（6）.337－342.

［13］ 范茂水，朱海滨，江红. 工业区集中供热的实践和思考［J］. 污染防治技术，2007，20（3）：31－33.

［14］ 伊若璇. 工业园区天然气冷热电联产系统技术经济性分析［D］. 长沙：中南大学，2014.

［15］ 杨永明. 全球热电联产发展现状分析［EB/OL］. 能源研究俱乐部. http：//news. bjx. com. cn/html/20180625/908255. shtml . 2018/6/25.

［16］ 李冰. 我国钢铁工业热电联产现状及发展［J］. 中国钢铁业，2013，（11）：19－22.

［17］ 杨磊，陈冬梅. 我国热电联产集中供热的发展现状、问题与建议［J］. 中国科技纵横，2016，（2）：217.

［18］程小文. 发展我国城市天然气分布式能源的规划对策［C］//2012 城市发展与规划大会论文集. 桂林：中国城市规划学会，中国城市科学研究会，建设部，2012.1-7.

［19］金东，马宪国. 国内外分布式能源的发展［J］. 上海节能，2017，（4）：177-180.

［20］蔡强，任洪波，班银银，等. 我国分布式能源发展现状与展望［C］//高等教育学会工程热物理专业委员会第二十一届全国学术会议论文集. 扬州：中国高等教育学会工程热物理专业委员会，2017.

［21］宋伟明. 我国天然气分布式能源的发展现状及趋势［J］. 中国能源，2016，38（10）：41-45.

［22］张书华，付林. 优先利用分布式能源及工业余热的多能互补供热模式［J］. 分布式能源，2018，3（1）：64-68.

［23］宋毅超. 西咸新区某园区集中供热方案研究［D］. 西安：西安建筑科技大学，2013.

［24］郑忠海，付林，狄洪发，等. 利用层次分析法对城市供热方式的综合评价［J］. 暖通空调，2009，38（8）：96-98.

［25］张沈生. 城市供热模式评价理论方法及应用研究［D］. 长春：吉林大学，2009.

［26］张健，周勃，宋楠，等. 城市集中供热方案的综合评价［J］. 建筑热能通风空调，2017，36（11）：68-69，91.

［27］李丽，王乐乐. 基于模糊综合评价的集中供热方案选择［J］. 区域供热，2013，（4）：83-88.

［28］曹晓飞. 集中供热系统优化控制方案的模糊综合评价研究［D］. 青岛：青岛理工大学，2013.

［29］朱琳. 鲁北电厂热电联产项目经济效益后评价研究［D］. 北京：华北电力大学，2014.

［30］皇甫艺，吴静怡，王如竹，等. 冷热电联产 CCHP 综合评价模型的研究［J］. 工程热物理学报，2005，26（z1）：13-16.

［31］郑利娟，蔡觉先. 用灰色系统理论进行供热模式的优选［J］. 沈阳工程学院学报（自然科学版），2007，3（3）：234-236.

［32］陈越. 南京化学工业园区控煤和一体化供热方案的可行性研究［D］. 南京：东南大学，2017.

［33］张广宇. 基于全社会成本的天然气热电联产项目经济评价研究［D］. 北京：华北电力大学，2016.

［34］蒋金良，马晓茜. 基于生命周期评价的不同电源对环境影响的比较［J］. 电站系统工程，2004，20（3）：26-28.

［35］刘敬尧，钱宇，李秀喜，等. 燃煤及其替代发电方案的生命周期评价［J］. 煤炭学报，2009，34（1）：133-138.

［36］姚均天. 基于 LCA 的分布式供能系统的评价研究［D］. 上海：上海电力学院，2011.

［37］郭晓颖. 工业区集中供热改造的技术经济评价［D］. 福州：福州大学，2014.

[38] 赵娟，继卿，王猛. 兰州地区集中供热常用热源的选择分析［J］. 建筑节能，2015，
    （4）：124 – 126.

[39] 刘娇娇. 华北地区某县城采暖热源方式综合评价研究［D］. 北京：华北电力大学，
    2017.

[40] 刘文旭. 集中供热系统能耗、能效分析评价标准的探讨［J］. 区域供热，2017，（2）：
    20 – 33，38.

[41] 刘枫，王传荣，黄寿山. 浅析城市集中供热热源方式的选择［C］. 大机组供热改造与
    优化运行技术 2013 年会论文集. 苏州：中国电机工程学会，2014. 18 – 21.

[42] 万丹. 沣京工业园集中供热系统方案研究［D］. 西安：西安科技大学，2017.

[43] 徐士鸣，崔峨. 热电联产系统机组型式选择的热力学准则［J］. 煤气与热力，1988
    （1）：47 – 49.

[44] 沈健，项建锋，康茂约，等. 浅析工业区集中供热的效果及前景［J］. 上海节能，2014
    （5）：16 – 18.

[45] 包小龙. 工业园区采用热电联产方式进行集中供热对环境影响与能耗影响的分析［J］.
    应用能源技术，2018（10）：32 – 33.

[46] 刘建明. 关于热电联产的燃气蒸汽联合循环机组装机方案选择的技术探讨［C］∥2013
    年中国电机工程学会年会论文集. 成都：中国电机工程学会，2014. 1 – 6.

[47] 王司春. 热电联产大发展尚有政策障碍［R］. 中国能源报，2015.

[48] 方桂平. 结合热电联产管理办法谈福建省热电联产发展方向［J］. 能源与环境，2019
    （1）：28 – 29.

[49] 杨玉军. 我国热电联产的发展趋势［J］. 中国能源，2004，26（10）：31 – 33.

[50] 于长友，薄煜. 推进能源清洁高效利用促进热电联产健康发展：解读《热电联产管理办
    法》［J］. 中国经贸导刊，2016（15）：41 – 42.

[51] 杜偲偲. 国外分布式能源发展对我国的启示［J］. 中国工程科学，2015（3）：84 – 87，
    112.

[52] 李四海，柳丽萍，关键，等. 国外热电联产发展回顾与借鉴［J］. 中国特种设备安全，
    2011，27（7）65 – 69.

[53] 李秀云. 德国分布式能源发展经验浅析［J］. 风能，2014（11）：90 – 92.

[54] 潘军松，高顶云，毕毓良，等. 国外燃气分布式供能发展及扶持政策研究［J］. 上海节
    能，2012（9）：13 – 17.

[55] 蒋惠琴. 美国分布式能源发展及政策分析［J］. 科技管理研究，2014（12）：19 – 22.

[56] 任洪波，吴琼，高伟俊. 日本分布式热电联产系统的应用现状及未来展望［J］. 节能，
    2015，34（2）：8 – 11.

[57] 别如山. 生物质供热国内外现状、发展前景与建议［J］. 工业锅炉，2018（1）：1 – 8.

[58] 韩小霞，胡从川，韦古强，等. 生物质气化热电联产发展概述［J］. 建设科技，2016

（13）：79 – 81.

[59] 陈继辉，卢啸风. 循环流化床锅炉焚烧生物质燃料的研究进展［J］. 农业工程学报，2006，22（10）：267 – 270.

[60] 朱成章. 我国应当调整热电联产政策［J］. 山西能源与节能，1999（4）：7 – 11，17.

[61] 本书编辑部. 分布式能源系统成为解决能源问题的金钥匙［J］. 云南节能通讯，2010（23）：13 – 15.

[62] 李晓明. 分布式能源解决缺电问题的良方［J］. 中国投资，2005（12）：51 – 54.

[63] 王振铭. 中国城市供热考察团出访德国丹麦的报告［J］. 区域供热，1995（4）：11 – 12.

[64] 冉娜. 国内外分布式能源系统发展现状研究［J］. 经济论坛，2013（10）：174 – 176.

[65] 本书编辑部. 欧盟出台配套措施给热电联产发展提供实质性支持［J］. 节能与环保，2009（12）：8.

[66] 王春峰，孙惠山，姜继伟. 浅析工业园区集中供热［C］∥中国石油和化工勘察设计协会热工设计专业委员会、全国化工热工设计技术中心站 2013 年年会论文集. 杭州：中国石油和化工勘察设计协会 全国化工热工设计技术中心站，2014. 80 – 83.

[67] 翁明亮. 关于开展工业园区集中供热专项视察情况的报告［EB/OL］. http：//rd. np. gov. cn/cms/html/npsrdcwh/2018 – 06 – 29/843326745. html. 2018 – 06 – 29.